Sitzungsberichte
der Akademie der Wissenschaften
der DDR
Mathematik – Naturwissenschaften – Technik

23 N

1980

Walter Purkert / Jürgen vom Scheidt

Schwach korrelierte Prozesse und ihre Anwendungen

AKADEMIE-VERLAG · BERLIN

Sitzungsberichte
der Akademie der Wissenschaften
der DDR
Mathematik - Naturwissenschaften - Technik

Jahrgang 1980 · Nr. 23/N

Walter Purkert / Jürgen vom Scheidt

Schwach korrelierte Prozesse und ihre Anwendungen

AKADEMIE-VERLAG · BERLIN
1980

Vortrag gehalten am 15. 11. 1979 vor der
Klasse Mathematik der Akademie der Wissenschaften der DDR von
Doz. Dr. sc. nat. Walter Purkert,
Karl-Marx-Universität Leipzig und
Doz. Dr. sc. nat. Jürgen vom Scheidt,
Ingenieurhochschule Zwickau

Herausgegeben im Auftrage
des Präsidenten der Akademie
der Wissenschaften der DDR
von Vizepräsident Prof. Dr. Heinrich Scheel

ISSN 0138-3956
Erschienen im Akademie-Verlag, DDR-1080 Berlin, Leipziger Str. 3–4

Lizenznummer: 202 · 100/43/81
Gesamtherstellung: VEB Druckhaus Köthen
Bestellnummer: 762 9076 (2010/80/23/N) LSV 1065
Printed in GDR
DDR 5,— M

Einleitung

Die Anwendung mathematischer Methoden in den Naturwissenschaften und den Technischen Wissenschaften ist in den letzten Jahren u.a. dadurch gekennzeichnet, daß stark vereinfachende Annahmen bei der mathematischen Modellierung zunehmend durch realistischere, dafür aber kompliziertere Bedingungen ersetzt werden. Das führte zu einer verstärkten Hinwendung zu nichtlinearen Modellen; es führte auch dazu, daß der stochastische Charakter vieler Größen mehr und mehr Berücksichtigung fand. Ein Ausdruck der letztgenannten Tatsache ist die stürmische Entwicklung der stochastischen Analysis in den letzten 10–15 Jahren.

Im folgenden beschäftigen wir uns mit Differentialgleichungsproblemen mit stochastischen Prozessen als Koeffizienten oder rechten Seiten bzw. mit Zufallsgrößen in den Randbedingungen. Im ersten Abschnitt betrachten wir stochastische Eigenwertprobleme mit dem Ziel, aus den ersten beiden Momenten der eingehenden Zufallsprozesse die ersten beiden Momente der Eigenwerte und Eigenfunktionen näherungsweise zu berechnen. Die dazu in der Literatur vorhandenen Ergebnisse (s. die Überblicksarbeit [8]) sind nicht sehr weitreichend. Insbesondere gestatten sie zum sogenannten Mittelungsproblem nur triviale Aussagen.

Als Anwendung der gewonnenen Resultate werden eine Reihe von Beispielen numerisch durchgerechnet.

Im zweiten Abschnitt behandeln wir asymptotische Verteilungsaussagen von Lösungen gewöhnlicher und partieller Differentialgleichungsprobleme, wobei die Koeffizienten des Differentialoperators bzw. die inhomogenen Terme der Differentialgleichung zu einer speziellen Klasse von stochastischen Feldern (insbesondere Prozessen bei einer unabhängigen Veränderlichen) gehören. Eine exakte Definition derartiger stochastischer Felder, die als schwach korrelierte Felder bezeichnet werden, wird in Abschnitt 2.1 gegeben. Dieser Abschnitt enthält ferner Sätze über schwach korrelierte Felder, insbesondere einen Satz über die asymptotische Verteilung von linearen Funktionalen, in die schwach korrelierte Felder eingehen.

Bei den schwach korrelierten Feldern spielt die Korrelationslänge ε eine wichtige Rolle. Sie gibt den minimalen Abstand zwischen Beobachtungspunkten des Feldes an, so daß sich die Werte des Feldes in Beobachtungspunkten mit einem Abstand größer ε nicht beeinflussen. Gehen diese schwach korrelierten Felder in das Differentialgleichungsproblem ein, so wird die Lösung eine Funktion der Korrelationslänge ε sein. Die asymptotischen Verteilungsaussagen beziehen sich darauf, daß ε gegen 0 geht. Als Ergebnis erhält man i.a. eine Gaußverteilung der Lösung des Differentialgleichungsproblems, d.h. die asymptotischen Verteilungsaussagen sind vom Typ des zentralen Grenzwertsatzes.

Da es sich bei diesen Betrachtungen um schwach korrelierte Felder mit kleinen Korrelationslängen handelt, kann man diese Felder auch als stochastische Felder ohne „Fernwirkung" bezeichnen. Eine ganze Reihe von stochastischen Feldern in Physik und Technik können annähernd als schwach korreliert angesehen werden, dazu zählen etwa technische Oberflächen (z.B. Oberflächen von Bremsbelägen u.a.), Straßenoberflächen, Potentialfunktionen von Mischkristallen, Krafteinwirkungen auf Teilchen in einem Gas und andere.

Die Abschnitte 2.2.–2.5. behandeln konkrete Differentialgleichungsprobleme. In 2.2. beschäftigen wir uns mit stochastischen Eigenwertproblemen bei gewöhnlichen Differentialgleichungen mit deterministischen Randbedingungen, wobei die Koeffizienten des Differentialoperators unabhängige schwach korrelierte Prozesse der Korrelationslänge ε sind. Es kann gezeigt werden, daß die Eigenwerte und Eigenfunktionen bei $\varepsilon \downarrow 0$ gaußverteilt sind. Dabei gehen Methoden der Störungsrechnung, wie sie im ersten Abschnitt entwickelt sind, wesentlich ein. In einem noch recht allgemeinen Beispiel wird auf einige bemerkenswerte Erscheinungen hingewiesen. Ganz ähnliche Resultate wie für stochastische Eigenwertprobleme kann man für stochastische Randwertprobleme erzielen (2.3). Wie bei den Eigenwertproblemen müssen Beschränkungen bezüglich der Kleinheit der stochastischen Koeffizientenprozesse des Operators vorausgesetzt werden. Für das inhomogene Glied braucht man keine solche Voraussetzungen. Aussagen für die Grenzverteilung der Lösung werden auch für Randwertprobleme partieller Differentialgleichungen erhalten, insbesondere etwa für das Dirichletsche Problem mit stochastischem inhomogenem Term.

In Abschnitt 2.4. behandeln wir Randanfangswertprobleme partieller Differentialgleichungen, die insbesondere bei Schwingungsproblemen technischer Bauteile eine wichtige Rolle spielen. Bei diesen Untersuchungen wird der inhomogene Term, die Krafteinwirkung, als stochastisches Feld betrachtet. Die Bedeutung dieser Betrachtungen liegt darin, daß man für wichtige technische Größen, wie z.B. die Spannungen, Aussagen über die Verteilung erhält und damit über gewisse Resultate zu Niveauüberschreitungsproblemen verfügt. Diese haben Bedeutung bei Nutzungsdaueruntersuchungen und anderen technischen Fragestellungen.

Schließlich werden in 2.5. Anfangswertprobleme betrachtet. Dabei wird auf die Beziehungen zur Itô-Theorie näher eingegangen. Das Herangehen mit Hilfe schwach korrelierter Prozesse und das der Itô-Theorie unterscheiden sich grundsätzlich. Die Grenzwertsätze bei Verwendung der schwach korrelierten Prozesse erzielt man, indem zunächst gewisse Lösungsausdrücke für die f. ü. stetig differenzierbaren Lösungsrealisierungen (ε ist noch ungleich Null) hergeleitet werden und anschließend wird zur Grenze $\varepsilon \downarrow 0$ übergegangen. Man erhält somit eine Näherungslösung für die Lösung des Anfangswertproblems mit schwach korrelierten Prozessen ($\varepsilon \ll 1$, $\varepsilon \neq 0$). In der Itô-Theorie geht man bereits in der Differentialgleichung zu einer Grenzgleichung über und löst diese mit einem gut ausgearbeiteten mathematischen Kalkül. Unterschiedliche Ergebnisse bei diesem verschiedenen Herangehen ergeben sich etwa bei Differentialgleichungen, bei denen Koeffizienten schwach korrelierte Prozesse sind. Auf ein derartiges Beispiel wird in der Arbeit eingegangen.

Es besteht prinzipiell kein Unterschied beim Beweis von Grenzwertsätzen für Anfangswertprobleme und Rand- bzw. Eigenwertprobleme mit schwach korrelierten Feldern. Eine Erweiterung der Itô-Theorie auf Rand- bzw. Eigenwertprobleme mit rauschähnlichen Feldern als Koeffizienten scheint dagegen prinzipielle Schwierigkeiten zu bereiten.

1. Berechnung von Erwartungswert und Varianz bei stochastischen Eigenwertproblemen

1.1. *Allgemeiner Fall*

Wir betrachten ein stochastisches Eigenwertproblem

$$(L_0 + L_1(\omega))u = \lambda(r(x) + M_1(\omega))u, \qquad 0 \leq x \leq 1; \tag{1.1}$$

mit den Randbedingungen

$$U_i[u] \doteq U_{i0}[u] + U_{i1}(\omega)[u] = 0, \qquad i = 1, 2, \ldots, 2n. \tag{1.2}$$

L_0 sei in deterministischer formal selbstadjungierter Differentialoperator der Ordnung $2n$

$$L_0\, u(x) = \sum_{k=0}^{n} (-1)^k \,(f_k\,(x) u^{(k)})^{(k)}$$

mit $f_k \in C^k\,[0, 1]$ und $r(x)$ sei eine positive stetige Funktion. $L_1(\omega)$, $M_1(\omega)$ seien stochastische Differentialoperatoren der Ordnungen p, $q \leq 2n$:

$$\begin{aligned} L_1(\omega)u(x) &= \sum_{k=0}^{p} g_k(x, \omega)u^{(k)}(x) \\ M_1(\omega)u(x) &= \sum_{k=0}^{q} h_k(x, \omega)u^{(k)}(x). \end{aligned} \tag{1.3}$$

Die Koeffizienten $g_k(x, \omega)$, $h_k(x, \omega)$ sollen hinreichend oft f. ü. differenzierbare Prozesse sein. Die $2n$ linear unabhängigen Randbedingungen (1.2) sollen folgende Gestalt haben:

$$U_{i0}[u] = \sum_{k=0}^{2n-1} (\alpha_{ik}\, u^{(k)}(0) + \beta_{ik}\, u^{(k)}(1))$$

$$U_{i1}(\omega)\,[u] = \sum_{k=0}^{2n-1} (\alpha_{ik}(\omega)u^{(k)}(0) + \beta_{ik}(\omega)u^{(k)}(1)).$$

Wir gehen nun von der Vorstellung aus, daß L_1, M_1, U_{i1} zufällige Fluktuationen sind, die dem Problem

$$L_0 w = \mu r w,\ U_{i0}[w] = 0,\ i = 1, 2, \ldots, 2n \tag{1.4}$$

überlagert sind, d.h. die dieses deterministische Problem stochastisch stören. Die Störungen werden als hinreichend klein vorausgesetzt, so daß die Konvergenzbedingungen für eine Störungsentwicklung erfüllt sind (s. [7]). Das ungestörte Problem (1.4) sei selbstadjungiert und positiv definit. Es habe einfache Eigenwerte μ_i. Die zugehörigen Eigenfunktionen $w_i(x)$ werden als in $L_2^r(0, 1)$ orthonormiert vorausgesetzt, d.h. $(w_i, w_j)_r = \int_0^1 w_i(x)w_j(x)r(x)\,dx = \delta_{ij}$.
Für die Eigenwerte $\lambda_l(\omega)$ und die Eigenfunktionen $u_l(x, \omega)$ des Problems (1.1), (1.2) machen wir den Ansatz

$$\lambda_l(\omega) = \sum_{i=0}^{\infty} \lambda_{il}(\omega),\ u_l(x, \omega) = \sum_{i=0}^{\infty} u_{il}(x, \omega).$$

Dabei sind λ_{il}, u_{il} die homogenen Anteile i-ter Ordnung der Eigenwerte λ_l und der Eigenfunktionen u_l in den Störungen. Einsetzen dieser Ansätze in (1.1), (1.2) liefert die Gleichungen

$$L_0\, u_{0l} = \lambda_{0l} r u_{0l},\ U_{i0}[u_{0l}] = 0\ \ (k = 0),$$

$$L_0 u_{kl} + L_1(\omega)u_{k-1l} = \sum_{s=0}^{k-1} \lambda_{sl}(r u_{k-sl} + M_1(\omega)u_{k-s-1l}) + \lambda_{kl} r u_{0l} \tag{1.5}$$

$$U_{i0}[u_{kl}] = -U_{i1}\,[u_{k-1l}],\ (k = 1, 2, \ldots).$$

Um aus dem System (1.5) explizite Ausdrücke zu gewinnen, muß noch eine zusätzliche Bedingung gestellt werden: Mit den g_k, h_k aus (1.3) bilden wir die Bilinearform

$$D(u, v) = \sum_{s=0}^{2n} \sum_{t=1}^{s} (-1)^{t-1}\, u^{(s-t)}\, ((g_s - \mu_l h_s)v)^{(t-1)} \Big|_0^1$$

$(g_s \equiv 0$ für $s > p$; $h_s \equiv 0$ für $s > q)$.

Für alle stetigen Funktionen $u(x)$ gelte dann

$$\sum_{\substack{s=1\\s\neq l}}^{\infty} \frac{1}{\mu_{sl}} (u, w_s)\, D(w_s, w_t) = D\left(\sum_{\substack{s=1\\s\neq l}}^{\infty} \frac{1}{\mu_{sl}} (u, w_s) w_s, w_t\right) \; ; t = 1, 2, \ldots \quad (1.6)$$

mit $\mu_{sl} = \mu_s - \mu_l$.

(1.6) ist nicht sehr einschränkend; es ist z. B. erfüllt, falls $p, q \leq n$ oder falls $L_1 - \mu_l M_1$ bezüglich aller zulässigen Funktionen symmetrisch ist.
Satz 1 ([7]): Bei Erfülltsein der Bedingung (1.6) gilt für die λ_{il}, u_{il} bis zur zweiten Ordnung:

$$\lambda_{0l} = \mu_l,$$

$$u_{0l} = w_l(x),$$

$$\lambda_{1l} = a_{ll} + Z^0_{1ll}$$

$$u_{1l} = - \sum_{\substack{s=1\\s\neq l}}^{\infty} \frac{1}{\mu_{sl}} (a_{ls} + Z^0_{1ls}) w_s(x) + z_{1l}(x, \omega) - Z_{1ll} w_l(x),$$

$$\lambda_{2l} = - \sum_{\substack{s=1\\s\neq l}}^{\infty} \frac{1}{\mu_{sl}} (a_{ls} + Z^0_{1ls}) a_{sl} - Z_{1ll} a_{ll} + Z^1_{1ll} - \lambda_{1l} b_{ll} + Z^0_{2ll},$$

$$u_{2l} = \sum_{\substack{s=1\\s\neq l}}^{\infty} \left\{ \sum_{\substack{t=1\\t\neq l}}^{\infty} \frac{1}{\mu_{sl}\mu_{tl}} (a_{lt} + Z^0_{1lt}) a_{ts} \right\} w_s(x) + z_{2l}(x, \omega) - Z_{2ll} w_l(x) +$$

$$+ \sum_{\substack{s=1\\s\neq l}}^{\infty} \frac{1}{\mu_{sl}} \left\{ -Z^1_{1ls} - Z^0_{2ls} + Z_{1ll} a_{ls} + \lambda_{1l}(b_{ls} + Z_{1ls} - \frac{1}{\mu_{sl}} (a_{ls} + Z^0_{1ls})) \right\} w_s(x).$$

Dabei sind mit $\tilde{L}_1 = L_1 - \mu_l M_1$, $\tilde{L}_0 = L_0 - \mu_l r$ folgende Abkürzungen eingeführt worden: $a_{ij} = (\tilde{L}_1 w_i, w_j)$, $Z_{kij} = (r z_{ki}, w_j)$, $Z^1_{kij} = (\tilde{L}_1 z_{ki}, w_j)$, $Z^0_{kij} = (L_0 z_{ki}, w_j)$, $b_{ij} = (M_1 w_i, w_j)$. $z_{kl}(x, \omega)$ sind stochastische Prozesse, die der Bedingung $U_{io}[z_{kl}] = -U_{i1}[u_{k-1l}]$ genügen müssen.

Satz 1 kann benutzt werden, um die Erwartungswerte, Varianzen und Korrelationskenngrößen von $\lambda_l(\omega)$ und $u_l(x, \omega)$ bis zu Termen 2. Ordnung zu berechnen. Einen wichtigen Spezialfall erhält man, wenn das zu (1.1), (1.2) gemittelte Problem, welches entsteht, wenn man überall in (1.1), (1.2) die stochastischen Größen durch ihre Erwartungswerte ersetzt, mit dem ungestörten Problem $L_0 w = \mu r w$, $U_{io}[w] = 0$ übereinstimmt, d. h. wenn $\langle g_s(x, .)\rangle = \langle h_t(x, .)\rangle = 0$ für $s = 0, \ldots, p$, $t = 0, \ldots, q$ und $\langle \alpha_{ik}(.)\rangle = \langle \beta_{ik}(.)\rangle = 0$ für $i = 1, \ldots 2n$, $k = 0, \ldots, 2n$-1 ist. In diesem Falle gilt bis auf Terme 3. und höherer Ordnung in den stochastischen Störungen

$$\langle \lambda_l(.) \rangle = \mu_l + d_l \text{ mit}$$

$$d_l = -\sum_{\substack{s=1\\ s\neq l}}^{\infty} \frac{1}{\mu_{sl}} (\langle a_{ls} a_{sl} \rangle + \langle Z_{1ls}^0 a_{sl} \rangle) - \langle Z_{1ll} a_{ll} \rangle + \langle Z_{1ll}^1 \rangle$$

$$- \langle (a_{ll} + Z_{1ll}^0) b_{ll} \rangle + \langle Z_{2ll}^0 \rangle \tag{1.7}$$

$$\langle u_l(x, .) \rangle = w_l(x) + D_l(x) \text{ mit}$$

$$D_l(x) = \sum_{\substack{s,t=1\\ s,t\neq l}}^{\infty} \frac{1}{\mu_{sl}\mu_{tl}} \left\{ \langle a_{tl} a_{tl} \rangle + \langle Z_{1tl}^0 a_{ls} \rangle \right\} w_s(x)$$

$$+ \langle z_{2l} \rangle - \langle Z_{2ll} \rangle w_l(x) + \sum_{\substack{s=1\\ s\neq l}}^{\infty} \frac{1}{\mu_{sl}} \Big\{ - \langle Z_{1ls}^1 \rangle - \langle Z_{2ls}^0 \rangle \tag{1.8}$$

$$+ \langle Z_{1ll} a_{ls} \rangle + \langle (a_{ll} + Z_{1ll}^0) (b_{ls} + Z_{1ls} - \frac{1}{\mu_{sl}} (a_{ls} + Z_{1ls}^0)) \rangle \Big\} w_s(x).$$

Als Mittelungsproblem bezeichnet man in der stochastischen Analysis die Berechnung oder Abschätzung der Differenz zwischen dem Erwartungswert der Lösung einer stochastischen Gleichung und der Lösung der zugehörigen gemittelten Gleichung. Für die Eigenwerte und Eigenfunktionen wären also $\langle \lambda_l \rangle - \mu_l$ und $\langle u_l \rangle - w_l$ zu berechnen. In der Arbeit [8] werden für Sturm-Liouville-Probleme Entwicklungen angegeben, aber nur bis zur ersten Ordnung. Sie liefern für die Erwartungswerte nur die trivialen Näherungen $\langle \lambda_l \rangle \approx \mu_l$, $\langle u_l \rangle \approx w_l$. Die Größen d_l und $D_l(x)$ aus (1.7) und (1.8) sind approximative Lösungen des Mittelungsproblems bis zur zweiten Ordnung.

Um die Varianzen bzw. Korrelationskenngrößen der Eigenwerte und Eigenfunktionen bis zur zweiten Ordnung in den Störungen zu erhalten, braucht man nur Entwicklungen von $\lambda_l(\omega)$ und $u_l(x, \omega)$ bis zur ersten Ordnung. So ist z.B. $\operatorname{var} \lambda_l = \langle (\lambda_l - \langle \lambda_l \rangle)^2 \rangle = \langle \lambda_{1l}^2 \rangle = \langle a_{ll}^2 \rangle + 2 \langle a_{ll} Z_{1ll}^0 \rangle + \langle (Z_{1ll}^0)^2 \rangle$. Ganz erhebliche Vereinfachungen der Formeln (1.7) und (1.8) ergeben sich für den Fall, daß die Randbedingungen deterministisch sind, d.h. $U_i[u] = U_{i0}[u]$.

Dann ist $d_l = -\sum_{\substack{s=1\\ s\neq l}}^{\infty} \frac{1}{\mu_{sl}} \langle a_{ls} a_{sl} \rangle - \langle a_{ll} b_{ll} \rangle$ und

$$D_l(x) = \sum_{\substack{s,t=1\\ s,t\neq l}}^{\infty} \frac{1}{\mu_{sl}\mu_{tl}} \langle a_{st} a_{tl} \rangle w_s(x) + \sum_{\substack{s=1\\ s\neq l}}^{\infty} \frac{1}{\mu_{sl}} \langle a_{ll} b_{ls} \rangle w_s(x)$$

$$- \sum_{\substack{s=1\\ s\neq l}}^{\infty} \frac{1}{\mu_{sl}^2} \langle a_{ll} a_{ls} \rangle w_s(x).$$

Die Größen $\langle a_{\alpha\beta} a_{\gamma\delta} \rangle$ und $\langle a_{\alpha\beta} b_{\gamma\delta} \rangle$ lassen sich mittels der Korrelationsfunktionen $R_{st}(x, y) = \langle g_s(x, \cdot) g_t(y, .) \rangle$, $Q_{st}(x, y) = \langle g_s(x, .) h_t(y, .) \rangle$, $P_{st}(x, y) = \langle h_s(x, .) h_t(y, .) \rangle$ ($g_s \equiv 0$ für $s > p$; $h_t \equiv 0$ für $t > q$) folgendermaßen ausdrücken:

$$\langle a_{\alpha\beta}\, a_{\gamma\delta} \rangle = \sum_{s,t=0}^{2n} \int_0^1 \int_0^1 \{R_{st}(x, y) - \mu_l\, (Q_{st}(x, y) + Q_{ts}(y, x)) + \mu_l^2\, P_{st}(x, y)\}\, w_\alpha^{(s)}(x)\, w_\beta(x)\, w_\gamma^{(t)}(y)\, w_\delta(y)\, dx dy;$$

$$\langle a_{\alpha\beta}\, b_{\gamma\delta} \rangle = \sum_{s,t=0}^{2n} \int_0^1 \int_0^1 \{Q_{st}(x, y) - \mu_l\, P_{st}(x, y)\} \times w_\alpha^{(s)}(x)\, w_\beta(x)\, w_\gamma^{(t)}(y)\, w_\delta(y)\, dx dy.$$

1.2. Beispiele

Als erstes Beispiel betrachten wir ein stochastisches Sturm-Liouville-Problem

$$L(\omega) u \doteq \sum_{k=0}^{n} (-1)^k\, (f_k(x, \omega)\, u^{(k)})^{(k)} = \lambda u \tag{1.9}$$

mit deterministischen Randbedingungen

$$U_i[u] = 0 \qquad (i = 1, 2, \ldots, 2n).$$

Es sei f. ü. selbstadjungiert und positiv definit. Die Koeffizientenprozesse seien hinreichend oft f. ü. differenzierbar und es sei $f_n(x, \omega) \neq 0$ f. ü. und $\langle f_n(x, .) \rangle \neq 0$.

Das zugehörige gemittelte Problem

$$\langle L \rangle\, w \doteq \sum_{k=0}^{n} (-1)^k\, (\langle f_k(x, .) \rangle\, w^{(k)})^{(k)} = \mu w, \; U_i[w] = 0 \tag{1.10}$$

habe die einfachen Eigenwerte μ_i mit den normierten Eigenfunktionen $w_i(x)$. Mit $L_1 = L - \langle L \rangle$ und $a_{ls} = (L_1 w_l, w_s)$ gilt dann für die Eigenwerte $\lambda_l(\omega)$ und die Eigenfunktionen $u_l(x, \omega)$ von (1.9) bis zur zweiten Ordnung in den Koeffizienten von L_1

$$\langle \lambda_l \rangle = \mu_l - \sum_{\substack{s=1 \\ s \neq l}}^{\infty} \frac{\langle a_{ls}^2 \rangle}{\mu_{sl}},$$

$$\langle u_l(x, .) \rangle = w_l(x) + \sum_{\substack{s=1 \\ s \neq l}}^{\infty} \left[\sum_{\substack{t=1 \\ t \neq l}}^{\infty} \frac{\langle a_{st}\, a_{tl} \rangle}{\mu_{sl}\, \mu_{tl}} - \frac{\langle a_{ll}\, a_{sl} \rangle}{\mu_{sl}^2} \right] w_s(x),$$

falls die Störungsreihen konvergieren. Das ist etwa der Fall, wenn eine Abschätzung der Form

$|(L_1 u, u)| \leq \alpha(\omega) \, \|u\|^2 + \beta(\omega) \, (\langle L \rangle \, u, u)$ für alle $u \in D(\langle L \rangle)$ und hinreichend kleine α und β gilt.
Als zweites und im gewissen Sinne charakteristisches Beispiel wählen wir das folgende Eigenwertproblem:

$$\begin{aligned} -u'' + a(x, \omega) \, u &= \lambda(1 + b(x, \omega)) \, u \\ u(0) &= u(1) + \varepsilon(\omega) \, u'(1) = 0. \end{aligned} \tag{1.11}$$

Wir setzen $\langle a(x, .) \rangle = \langle b(x, .) \rangle = \langle \varepsilon(.) \rangle = 0$ voraus, so daß die Eigenwerte und Eigenfunktionen des gemittelten Problems $-w'' = \mu w$, $w(0) = w(1) = 0$ explizit angegeben werden können:

$$\mu_l = (l \, \pi)^2, \; w_l(x) = \sqrt{2} \sin l \, \pi \, x.$$

Die Bedingung (1.6) ist erfüllt: Es ist $D(u, v) = 0$, da $\tilde{L}_1 u = (a - \mu_l b) \, u$ symmetrisch ist. Also gelten für die Eigenwerte und Eigenfunktionen von (1.11) die in Satz 1 angegebenen Entwicklungen bzw. für die Erwartungswerte die Entwicklungen (1.7), (1.8) bis auf Terme dritter und höherer Ordnung.

Entscheidend für diesen Spezialfall ist die spezielle Struktur von μ_l und $w_l(x)$, die es gestattet, die auftretenden unendlichen Reihen auszurechnen. Es gilt nämlich folgendes

Lemma 1: Sei $f(x, \omega)$ ein stochastischer Prozeß mit f. ü. stetigen Realisierungen, $w_l(x) = \sqrt{2} \sin (l \, \pi \, x)$ und $\mu_l = (\pi \, l)^2$. Dann gilt

$$\begin{aligned} \sum_{\substack{s=1 \\ s \neq l}}^{\infty} \frac{1}{\mu_{sl}} \, (f(., \omega), \, w_s(.)) \;\; w_s(x) &= c_1 w_l(x) \\ &+ \frac{1}{l\pi} \int_0^x f(t, \omega) \sin (l\pi(t - x)) \, dt + \frac{c}{\sqrt{2} \, l\pi} \, x \cos(l \, \pi \, x) \end{aligned} \tag{1.12}$$

mit $c(\omega) = -(f, w_l)$,

$$c_1(\omega) = -\frac{1}{4(\pi \, l)^2} \, c + \frac{1}{\sqrt{2} \, \pi \, l} \int_0^1 f(t, \omega) \, (1 - t) \cos (l \, \pi \, t) \, dt.$$

Wir setzen nun voraus, daß $\{a(x, \omega), b(x, \omega)\}$ ein im weiteren Sinne stationärer Vektorprozeß mit der Korrelationsmatrix

$$\begin{pmatrix} R_a \, (x - y) & R_{ab}(x - y) \\ R_{ab}(x - y) & R_b \, (x - y) \end{pmatrix}$$

ist. Unter Benutzung des Lemma 1 und bei Verwendung der Funktionen $-u'_{k-1l}(1) \, x$ für $z_{kl}(x, \omega)$ (dieses z_{kl} genügt nämlich der Bedingung $U_{i0}[z_{kl}] = -U_{i1}[u_{k-1l}]$ für $i = 1, 2$) erhält man dann aus den allgemeinen Entwicklungen:

$$\langle\lambda_l(.)\rangle - \mu_l = \frac{1}{\mu_l}\int_0^1 R_a(u)\left[\frac{1}{2}(u-1) - \frac{3}{4\,l\,\pi}\sin(2\,l\,\pi\,u)\right.$$

$$\left. + (u-1)\cos(2\,l\,\pi\,u) + \frac{1}{2}\,l\,\pi\,(u-1)^2\sin(2l\,\pi\,u)\right]du$$

$$+ \mu_l\int_0^1 R_b(u)\left[-\frac{3}{2}(u-1) + \frac{3}{4\,l\,\pi}\sin(2\,l\,\pi u) + \frac{1}{2}l\pi\;(u-1)^2\right.$$

$$\left.\sin(2\;l\;\pi\,u)\right]du + \int_0^1 [R_{ab}(u) + R_{ab}(-u)]\left[\frac{1}{2}(u-1)\right.$$

$$\left. + \frac{1}{2}(1-u)\cos(2\,l\,\pi\,u) - \frac{l\pi}{2}(u-1)^2\sin(2\,l\,\pi\,u)\right]du + \int_0^1 \langle a(u)\,\varepsilon\rangle$$

$$\times\,[\cos(2\,l\,\pi\,u) - 1 - (2\,l\,\pi\,u)\sin(2\,l\,\pi\,u)]\;du + \mu_l\int_0^1 \langle b(u)\,\varepsilon\rangle$$

$$\times\,[3 - 3\cos(2\,l\,\pi\,u) + 2\,l\,\pi\,u\sin(2\,l\,\pi\,u)]\,du + 3\,\mu_l\,\langle\varepsilon^2\rangle.$$

Damit ist die Lösung des Mittelungsproblems für die Eigenwerte bis zu Größen zweiter Ordnung gegeben. Für die Varianzen der Eigenwerte und Eigenfunktionen ergibt sich bis zu Größen 2. Ordnung:

$$\operatorname{var}\lambda_l = \int_0^1 [R_a(u) - \mu_l(R_{ab}(u) + R_{ab}(-u)) + \mu_l^2\,R_b(u)]$$

$$\times\left[(1-u)\,(2+\cos(2\,l\,\pi\,u)) + \frac{3}{2\,\pi\,l}\sin(2\,l\,\pi\,u)\right]du$$

$$- 4\mu_l\int_0^1 (\langle\varepsilon\,a(u)\rangle - \mu_l\,\langle b(u)\,\varepsilon\rangle)\,(1-\cos(2\,l\,\pi\,u))\,du$$

$$+ 4\,\langle\varepsilon^2\rangle\,\mu_l^2,$$

$$\operatorname{var}u_l = \frac{1}{4\mu_l^2}\,\langle a_{ll}^2\rangle\left(\frac{1}{2}w_l(x) - xw_l'(x)\right)^2 + \frac{1}{4\mu_l^2}\langle a_{ll}\,c_{ll}\rangle$$

$$\times\,(w_l^2(x) - 2\,x\,w_l(x)\,w_l'(x)) + \frac{1}{2\,l\,\pi\,\mu_l}\int_0^x \langle a_{ll}\tilde{a}(t)\rangle$$

$$\times\,w_l(t)\sin(l\,\pi(t-x))\,dt\,(w_l(x) - 2\,x\,w_l'(x)) + \frac{1}{\mu_l}\left\langle\left(\int_0^x \tilde{a}(t)\right.\right.$$

$$\left.\left.\times\,w_l\,(t)\,\sin\,(l\pi(t-x))\,dt\right)^2\right\rangle + \frac{1}{4\mu_l^2}\langle c_{ll}^2\rangle\,w_l^2(x) +$$

$$\frac{1}{l\pi\mu_l}\int_0^x \langle c_{ll}\tilde{a}\,(t)\rangle\,w_l(t)\sin(l\pi(t-x))\,dt\,w_l(x) +$$

$$\langle\varepsilon^2\rangle\left(\frac{1}{2}w_l(x) + xw_l'(x)\right)^2 + \frac{1}{2\mu_l}\langle\varepsilon c_{ll}\rangle\,(w_l^2(x) + 2xw(x)w_l'(x))$$

$$+ \frac{1}{\mu_l} \langle a_{ll} \varepsilon \rangle \left(\frac{1}{4} w_l^2(x) - x^2 \left(w_l'(x) \right) \right)^2$$

$$+ \frac{1}{l\pi} \int_0^x \langle \tilde{a}(t)\, \varepsilon \rangle\, w_l(t) \sin (l\pi\, (t - x))\, dt\, (w_l(x) + 2x\, w_l'(x)).$$

Dabei wurde gesetzt:

$$\tilde{a}(x, \omega) = a(x, \omega) - \mu_l b(x, \omega),\ a_{ll} = (\tilde{a} w_l, w_l),$$

$$c_{ll} = (\tilde{a} w_l, (1 - t)\, w_l').$$

Die folgenden Abbildungen zeigen numerische Ergebnisse für verschiedene Spezialfälle des Problems (1.11) in Abhängigkeit von Korrelationskenngrößen der eingehenden Prozesse.

1. Fall: $b = \varepsilon = 0$ (Schrödingergleichung mit zufälligem Potential $a(x, \omega)$).

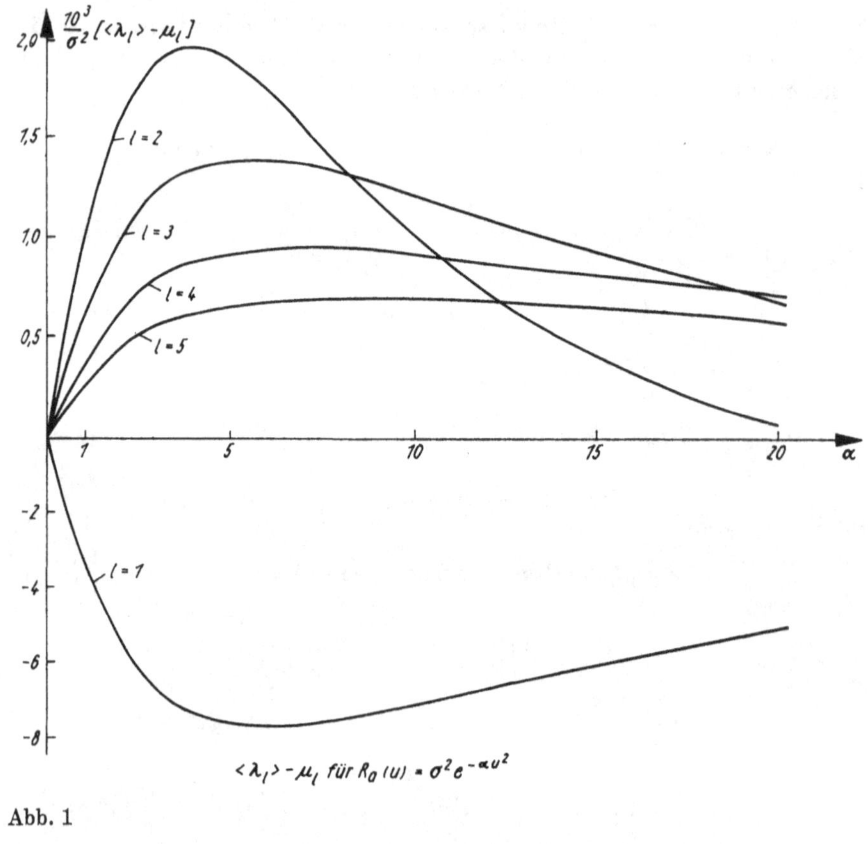

$\langle\lambda_l\rangle - \mu_l$ für $R_a(u) = \sigma^2 e^{-\alpha u^2}$

Abb. 1

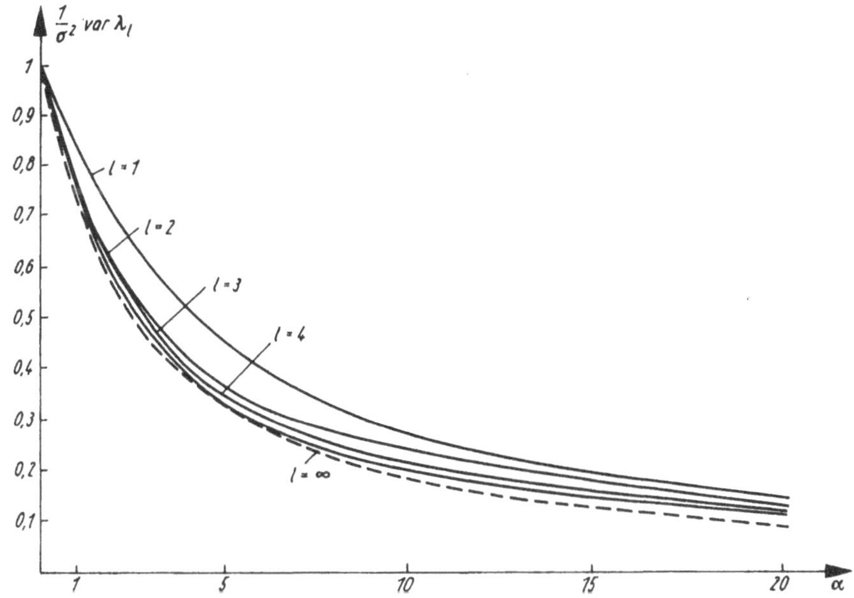

Abb. 2 var λ_l für $R_a(u) = \sigma^2 e^{-\alpha u^2}$

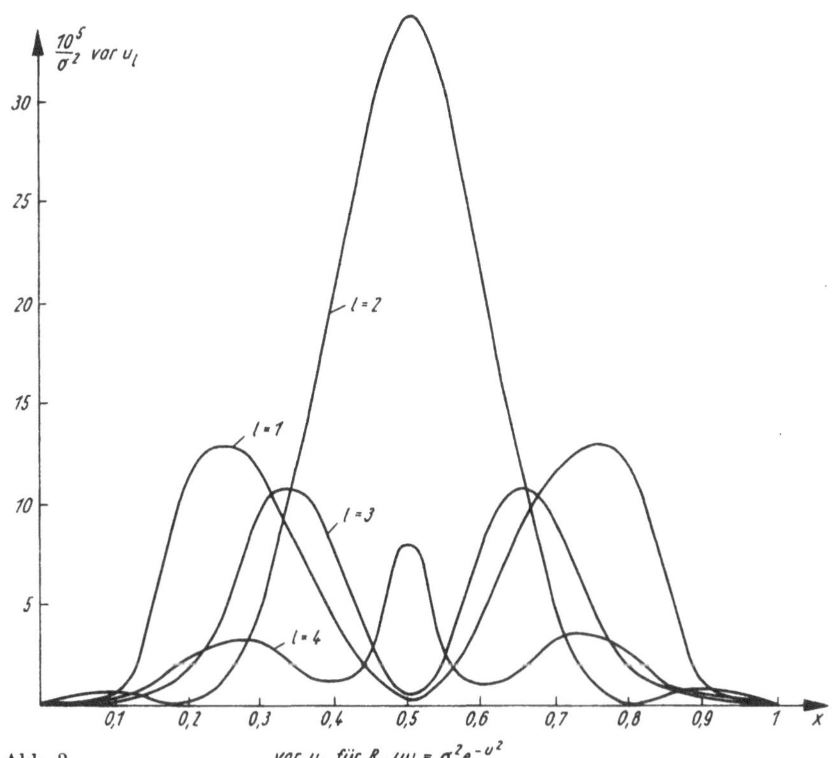

Abb. 3 var u_l für $R_a(u) = \sigma^2 e^{-u^2}$

statt $l = 1,\ \beta =$
lies $\ l = 1,\ \beta = 2$

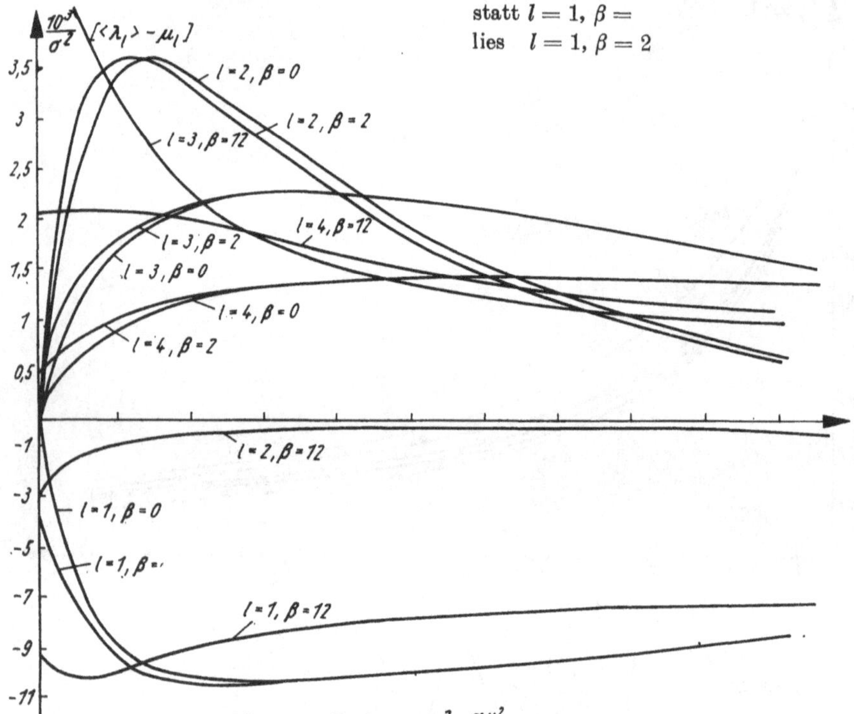

$\langle\lambda_l\rangle - \mu_l$ für $R_a(u) = \sigma^2 e^{-\alpha u^2} \cos \beta u$

Abb. 4

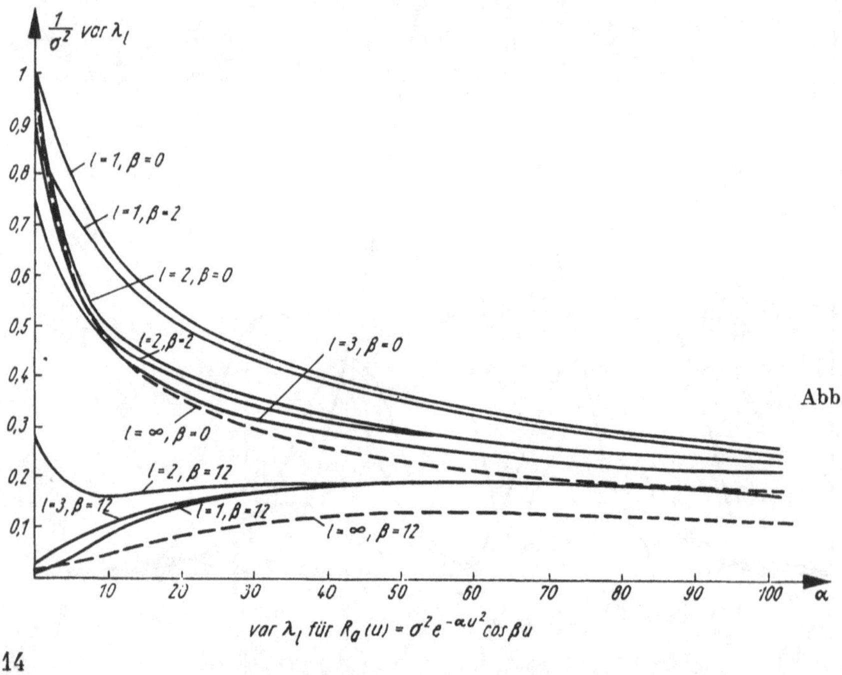

Abb. 5

var λ_l für $R_a(u) = \sigma^2 e^{-\alpha u^2} \cos \beta u$

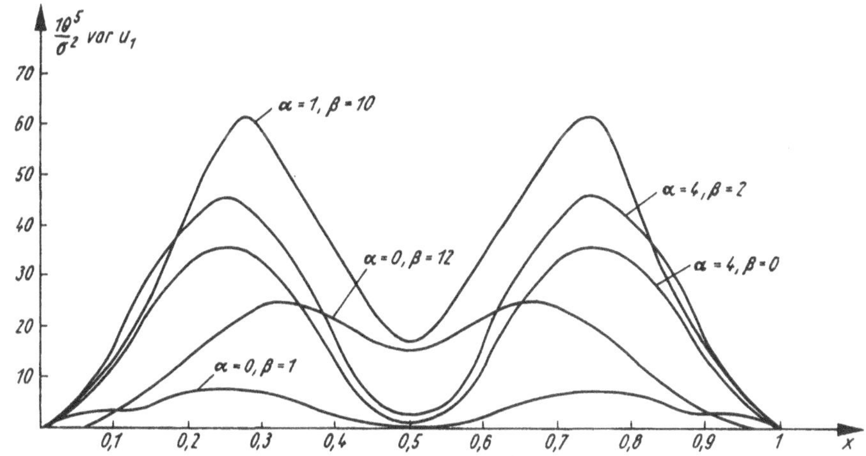

var $u_1(x,\cdot)$ für $R_0(u) = \sigma^2 e^{-\alpha u^2} \cos \beta u$

Abb. 6

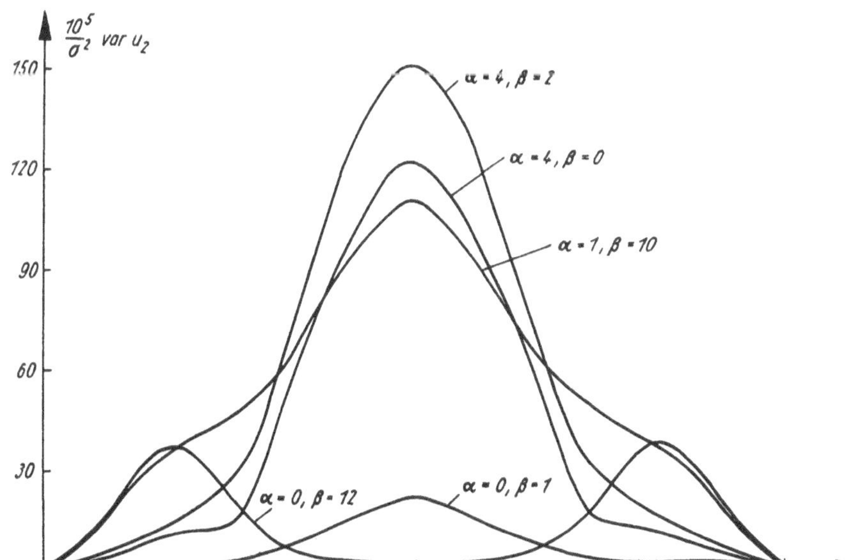

var $u_2(x,\cdot)$ für $R_0(u) = \sigma^2 e^{-\alpha u^2} \cos \beta u$

Abb. 7

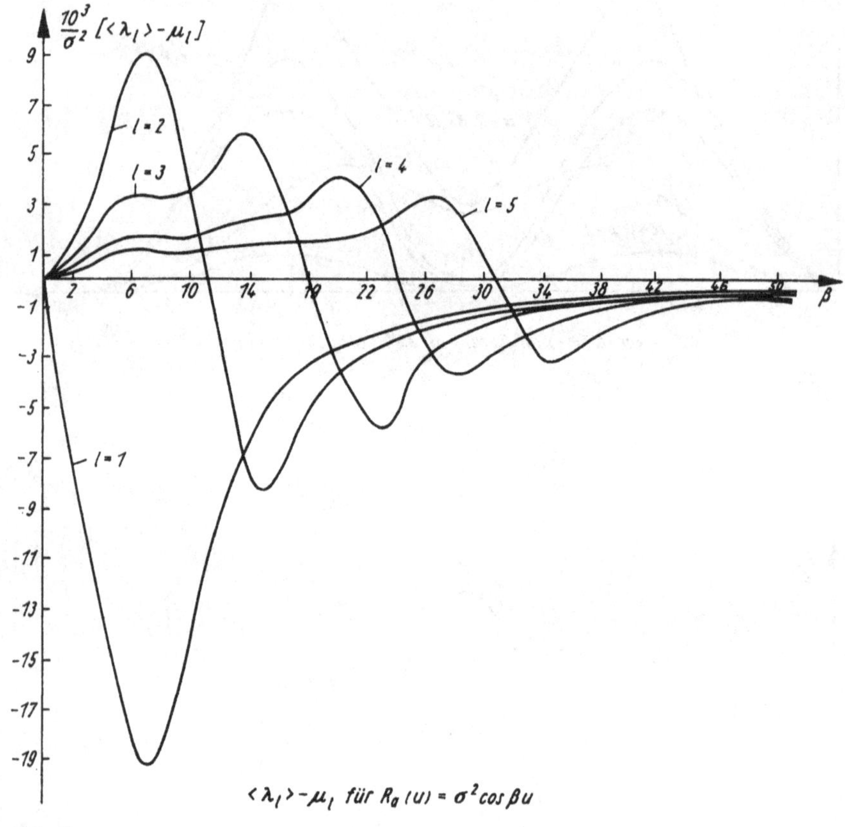
$\frac{10^3}{\sigma^2}[\langle\lambda_l\rangle-\mu_l]$
9
7
5
3
1
-1
-3
-5
-7
-9
-11
-13
-15
-17
-19
2
6
10
14
18
22
26
30
34
38
42
46
50
β
l = 1
l = 2
l = 3
l = 4
l = 5
$\langle\lambda_l\rangle-\mu_l$ für $R_a(u)=\sigma^2\cos\beta u$

Abb. 8

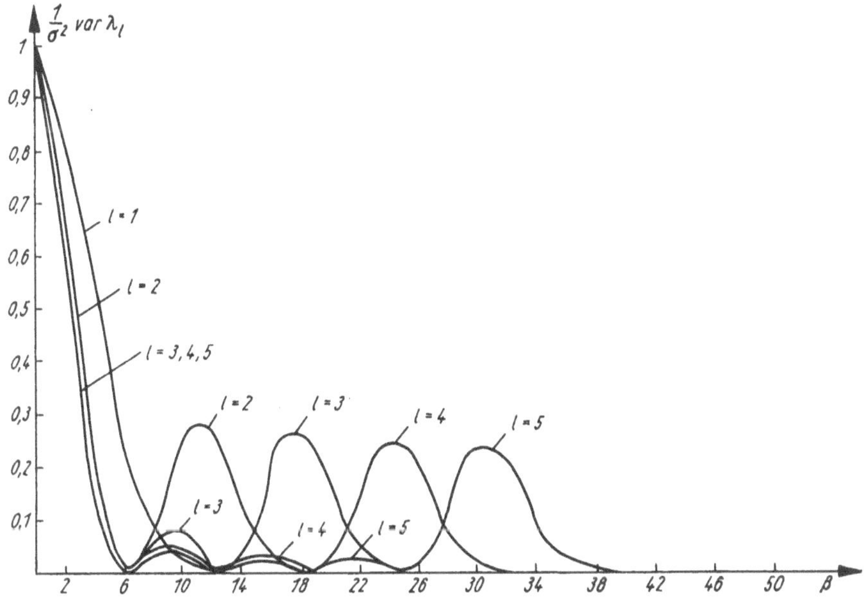

var λ_l für $R_a(u) = \sigma^2 \cos \beta u$

Abb. 9

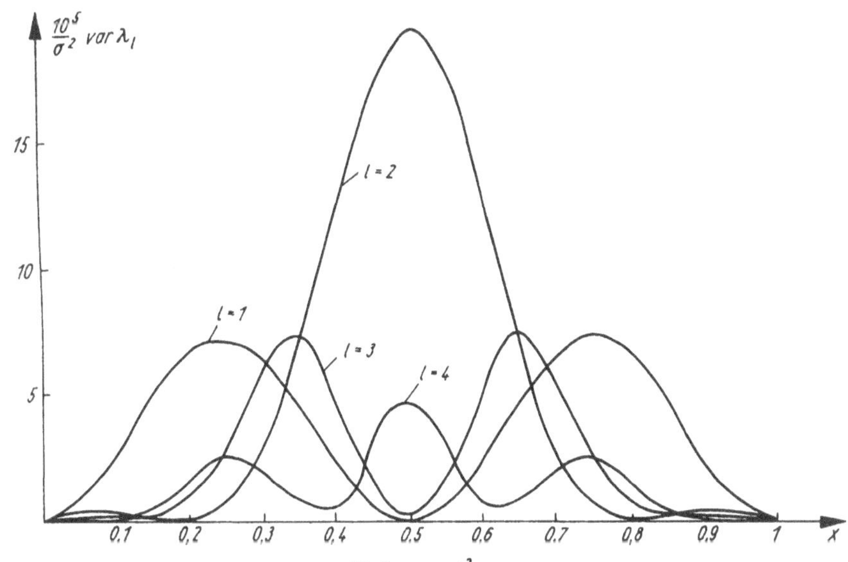

var $u_l(x,\cdot)$ für $R_a(u) = \sigma^2 \cos u$

Abb. 10

2. **Fall:** $a = \varepsilon = 0$.

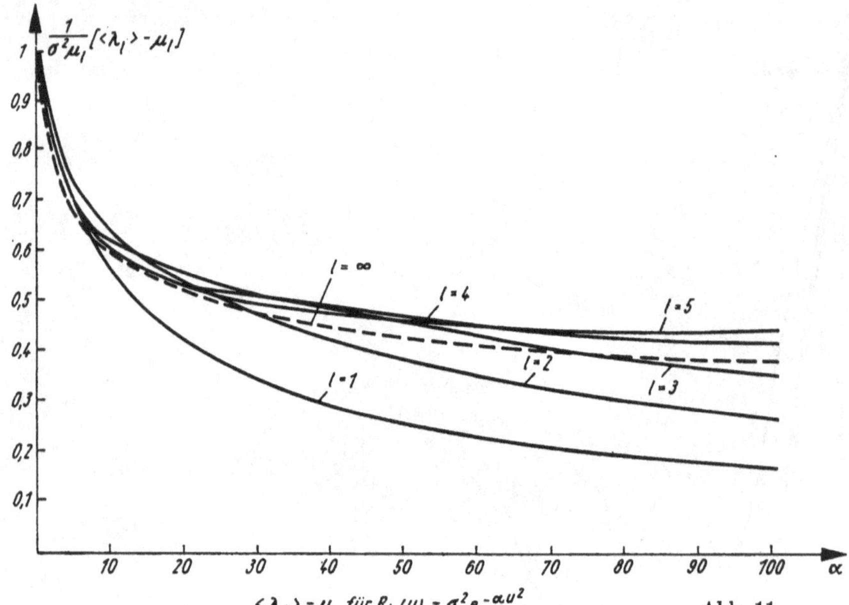

Abb. 11

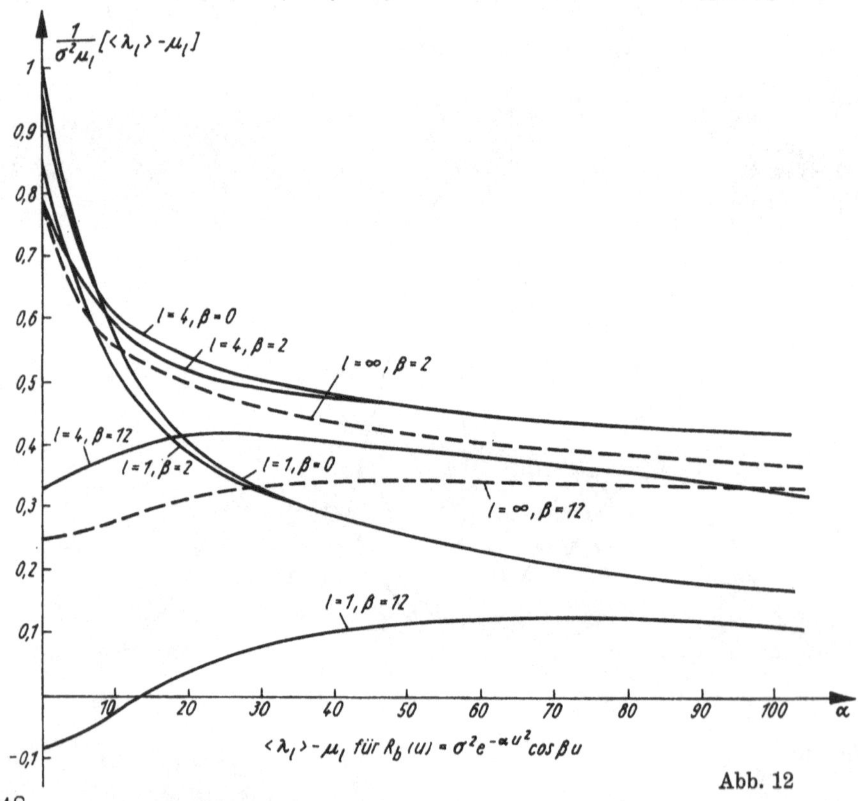

Abb. 12

2. Grenzverteilungsaussagen für Lösungen von Differentialgleichungsproblemen

2.1. Schwach korrelierte Felder

Wir definieren eine Klasse von stochastischen Feldern, die wir als schwach korreliert bezeichnen werden (vgl. [1], [2]). $x = (x_1, \dots, x_n)$ gibt einen Punkt des R^n mit der Norm $\|x\| = \left(\sum_{i=1}^{n} x_i^2\right)^{1/2}$ an.

Definition: Ein stochastisches Feld $f_\varepsilon(x, \omega)$, $x \in R^n$, mit $\langle f_\varepsilon(x)\rangle = 0$ heißt schwach korreliert mit der Korrelationslänge ε, falls für alle k-ten Momente, $k = 2, 3, \dots,$

$$\langle f_\varepsilon(\overset{1}{x})\, f_\varepsilon(\overset{2}{x}) \dots f_\varepsilon(\overset{k}{x})\rangle =$$

$$\langle f_\varepsilon(\overset{11}{x}) \dots f_\varepsilon(\overset{1k_1}{x})\rangle \langle f_\varepsilon(\overset{21}{x}) \dots f_\varepsilon(\overset{2k_2}{x})\rangle \dots \langle f_\varepsilon(\overset{p1}{x}) \dots f_\varepsilon(\overset{pk_p}{x})\rangle$$

$\left(\sum_{i=1}^{i} k_i = k\right)$ gilt. Dabei ist

$$\left\{\left(\overset{11}{x}, \dots, \overset{1k_1}{x}\right), \left(\overset{21}{x}, \dots, \overset{2k_2}{x}\right), \dots, \left(\overset{p1}{x}, \dots, \overset{pk_p}{x}\right)\right\}$$

die Zerlegung von $(\overset{1}{x}, \dots, \overset{k}{x})$ in maximal ε-benachbarte Teiltupel. Ein Teiltupel $\left(\overset{i1}{x}, \dots, \overset{il}{x}\right) \subset \left(\overset{1}{x}, \dots, \overset{k}{x}\right)$ heißt maximal ε-benachbart, wenn es ε-benachbart ist, d.h. wenn eine Permutation $\left(\overset{i1}{y}, \dots, \overset{il}{y}\right)$ des Teiltupels $\left(\overset{i1}{x}, \dots, \overset{il}{x}\right)$ existiert, so daß

$$\left\|\overset{is}{y} - \overset{is+1}{y}\right\| \leq \varepsilon \text{ für } s = 1, 2, \dots, l-1$$

gilt, aber für kein $\overset{s}{x} \in \left(\overset{1}{x}, \dots, \overset{k}{x}\right) \setminus \left(\overset{i1}{x}, \dots, \overset{il}{x}\right)$ das Tupel $\left(\overset{s}{x}, \overset{i1}{x}, \dots, \overset{il}{x}\right)$ ε-benachbart ist. $\left(\overset{i}{x}\right)$ heiße nach Definition ebenfalls ε-benachbart.

Aus dieser Definition folgt insbesondere, daß die Korrelationsfunktion $\langle f_\varepsilon(\overset{1}{x})\, f_\varepsilon(\overset{2}{x})\rangle$ die Form

$$\langle f_\varepsilon(\overset{1}{x})\, f_\varepsilon(\overset{2}{x})\rangle = \begin{cases} R_\varepsilon(\overset{1}{x}, \overset{2}{x}) & \text{für } \left\|\overset{1}{x} - \overset{2}{x}\right\| \leq \varepsilon \\ 0 & \text{für } \left\|\overset{1}{x} - \overset{2}{x}\right\| > \varepsilon \end{cases}$$

besitzt, also für $\left\|\overset{1}{x} - \overset{2}{x}\right\| > \varepsilon$ verschwindet.

Man kann zeigen, daß für jede Korrelationslänge $\varepsilon > 0$ schwach korrelierte Felder existieren, die fast sicher stetige partielle Ableitungen k-ter Ordnung besitzen (mit beliebiger natürlicher Zahl k). Desweiteren existieren schwach korrelierte Felder $f_\varepsilon(x, \omega)$ mit $|f_\varepsilon(x, \omega)| \leq A$, $A > 0$ beliebig. Derartige Überlegungen sind wichtig aus Gründen der Existenz und Eindeutigkeit von fast sicheren Lösungen etwa von Eigenwertproblemen, in denen schwach korrelierte Felder die Koeffizientenprozesse des Differentialoperators bilden.

In den Lösungen von Differentialgleichungsproblemen, in die schwach korrelierte Felder eingehen, spielen lineare Funktionale der Art

$$r_{i\varepsilon}(x, \omega) = \frac{1}{\sqrt{\varepsilon^n}} \int_{D_i} F_i(x, y) f_\varepsilon(y,\omega)\, dy, \quad x \in G \tag{2.1}$$

eine wichtige Rolle. Dabei bezeichnet D_i ein beschränktes Gebiet des R^n mit glatten Rändern und $F_i(x, y)$ eine beschränkte Funktion auf $G \times D_i \subset R^l \times R^n$. Für derartige Funktionale (2.1) lassen sich die folgenden Sätze beweisen (vgl. [1], [2]).

Satz 2: Sei $\{f_\varepsilon(y, \omega)\}$ eine Folge schwach korrelierter Felder mit beschränkten 2. Momenten, $\langle f_\varepsilon^2(y)\rangle \leq d_2 < \infty$, für die bei $\varepsilon \downarrow 0$

$$\lim_{\varepsilon \downarrow 0} \frac{1}{\varepsilon^n} \int_{K_\varepsilon(0)} \langle f_\varepsilon(y) f_\varepsilon(y + z)\rangle\, dz = a(y) < \infty \tag{2.2}$$

mit $K_\varepsilon(y) = \{z \in R^n : \|z - y\| \leq \varepsilon\}$ erfüllt ist. Dann gilt für $r_{i\varepsilon}(x, \omega)$, $i = 1, 2$, aus (2.1) die Beziehung

$$\lim_{\varepsilon \downarrow 0} \left\langle r_{1\varepsilon}\left(\overset{1}{x}\right) r_{2\varepsilon}\left(\overset{2}{x}\right)\right\rangle = \int_{D_1 \cap D_2} F_1\left(\overset{1}{x}, y\right) F_2\left(\overset{2}{x}, y\right) a(y)\, dy$$

für die Korrelationsfunktion von $r_{1\varepsilon}\left(\overset{1}{x}, \omega\right)$ und $r_{2\varepsilon}\left(\overset{2}{x}, \omega\right)$.

Satz 3: Sei $\{f_\varepsilon(y, \omega)\}$ eine Folge schwach korrelierter Felder mit beschränkten k-ten Momenten, $\langle |f^k(y)|\rangle \leq d_k < \infty$, und der Eigenschaft (2.2). Dann gilt für $r_{i\varepsilon}(x, \omega)$, $i = 1, 2, \ldots, k$, aus (2.1) die Beziehung

$$\lim_{\varepsilon \downarrow 0} \left\langle \prod_{i=1}^{k} r_{i\varepsilon}\left(\overset{i}{x}\right)\right\rangle = \begin{cases} \displaystyle\sum_{(i_1, i_2), \ldots, (i_{k-1}, i_k)} \prod_{s=1,3,\ldots,k-1} \lim_{\varepsilon \downarrow 0} \left\langle r_{i_s\varepsilon}\left(\overset{i_s}{x}\right) r_{i_{s+1}\varepsilon}\left(\overset{i_{s+1}}{x}\right)\right\rangle & \text{für } k \text{ gerade} \\ 0 & \text{für } k \text{ ungerade} \end{cases} \tag{2.3}$$

für beliebige Punkte $\overset{i}{x} \in G \subset R^l$. Die Summe auf der rechten Seite des Ausdruckes (2.3) erstreckt sich über alle möglichen Zerlegungen von $(1, \ldots, k)$ in Paare $(i_1, i_2), \ldots, (i_{k-1}, i_k)$ mit $i_r < i_{r+1}$ für jedes Paar (i_r, i_{r+1}). Dabei werden Zerlegungen, die sich nur durch die Reihenfolge der Paare unterscheiden, als gleich angesehen.

Der Satz 3 auf m linear unabhängige schwach korrelierte Felder verallgemeinert hat die folgende Form.

Satz 4: Es seien $\{f_{j\varepsilon}(y, \omega)\}_{j=1,2,\dots,m}$ in Bezug auf ε Folgen unabhängiger schwach korrelierter Felder mit $\varepsilon \downarrow 0$ und $F_{ij}(x, y)$, $j = 1, 2, \dots, m$; $i = 1, 2, \dots, k$, beschränkte Funktionen auf $G \times D_i \subset R^l \times R^n$. Für jedes schwach korrelierte Feld $f_{j\varepsilon}(y, \omega)$ gelte die Beziehung (2.2) mit $a_j(y)$. Unter diesen Bedingungen erhält man für die Felder

$$r_{ij\varepsilon}(x, \omega) = \frac{1}{\sqrt{\varepsilon^n}} \int_{Di} F_{ij}(x, y)\, f_{j\varepsilon}(y, \omega)\, dy$$

bei beliebigen Punkten $\overset{i}{x} \in G \subset R^l$ die Relation

$$\lim_{\varepsilon \downarrow 0} \left\langle \left(\sum_{j=1}^{m} r_{1j\varepsilon}\left(\overset{1}{x}\right)\right) \left(\sum_{j=1}^{m} r_{2j\varepsilon}\left(\overset{2}{x}\right)\right) \dots \left(\sum_{j=1}^{m} r_{kj\varepsilon}\left(\overset{k}{x}\right)\right) \right\rangle = \begin{cases} \lim\limits_{\varepsilon \downarrow 0} A_\varepsilon \text{ für } k \text{ gerade} \\ 0 \text{ für } k \text{ ungerade} \end{cases}$$

mit

$$\lim_{\varepsilon \downarrow 0} A_\varepsilon = \sum_{\substack{v_1 = 0 \\ \vdots \\ v_m = 0 \\ \sum_{s=1}^{m} v_s = \frac{k}{2}}}^{k/2} \; \sum_{\substack{\text{alle Zerlegungen} \\ \text{von } (1,\dots,k) \text{ in} \\ (i_1^1,\dots,i_{2v_1}^1) \\ \vdots \\ (i_1^m,\dots,i_{2v_m}^m)}} \; \prod_{s=1,2,\dots,m} A^s_{i_1^s i_2^s \dots i_{2v_s}^s}$$

und

$$A^s_{i_1^s \dots i_{2v_s}^s} = \sum_{(i_{p_1}^s, i_{p_2}^s), \dots, (i_{p_{2v_s-1}}^s, i_{p_{2v_s}}^s)} \; \prod_{t=1,3,\dots,2v_s-1} R^s_{p_t p_{t+1}}$$

bei $R^s_{pq} = \lim\limits_{\varepsilon \downarrow 0} \left\langle r_{i_p^s s\varepsilon}\, r_{i_q^s s\varepsilon} \right\rangle$, $r_{ij\varepsilon}\left(\overset{i}{x}\right) \doteq r_{ij\varepsilon}$. Die Summe in dem Ausdruck für $A^s_{i_1^s \dots i_{2v_s}^s}$ erstreckt sich wie in Satz 3 über alle möglichen Zerlegungen von $(i_1^s, \dots, i_{2v_s}^s)$ in Paare. Schließlich erhalten wir mit Hilfe von Satz 2

$$\lim_{\varepsilon \downarrow 0} \langle r_{is\varepsilon}\, r_{js\varepsilon} \rangle = \int_{D_i \cap D_j} F_{is}\left(\overset{i}{x}, y\right) F_{js}\left(\overset{j}{x}, y\right) a_s(y)\, dy.$$

Ähnliche Sätze lassen sich auch für schwach singuläre Funktionen $F_i(x, y)$ beweisen, d.h. für Funktionen der Art

$$F_i(x, y) = \frac{H_i(x, y)}{\|x - y\|^{\alpha_i}} \qquad 0 \leq \alpha_i < n$$

bei $G \subset R^n$ und einer beschränkten Funktion $H_i(x, y)$ auf $G \times D_i$. Dabei spielen

Bedingungen an die α_i eine wichtige Rolle. Wir werden auf derartige Probleme in Abschnitt 2.3 bei der Behandlung von Randwertaufgaben, speziell beim Dirichletschen Problem, zurückkommen.

Als eine Anwendung der bisher aufgeführten Sätze notieren wir den Satz 5.

Satz 5: $\{f_\varepsilon(x, \omega)\}$ sei eine Folge schwach korrelierter Felder auf $D \subset R_n$ mit stetigen Realisierungen und $F(x, y)$ eiue beschränkte Funktion auf $D \times D$. Wir betrachten das stochastische Feld

$$r_\varepsilon(x, \omega) = \frac{1}{\sqrt{\varepsilon^n}} \int_{D(x)} F(x, y)\, f_\varepsilon(y, \omega)\, dy$$

mit $D(x) \subset D$. Dann konvergiert bei $\varepsilon \downarrow 0$ das Feld $r_\varepsilon(x, \omega)$ verteilungsmäßig gegen das Gaußsche Feld $\xi(x, \omega)$ mit dem Mittelwert $\langle \xi(x) \rangle = 0$ und der Korrelationsfunktion

$$\left\langle \xi\left(\overset{1}{x}\right) \xi\left(\overset{2}{x}\right) \right\rangle = \int_{D(\overset{1}{x}) \cap D(\overset{2}{x})} F\left(\overset{1}{x}, y\right) F\left(\overset{2}{x}, y\right) a(y)\, dy, \tag{2.4}$$

d. h. alle endlichdimensionalen Verteilungen von r_ε konvergieren bei $\varepsilon \downarrow 0$ gegen die entsprechenden endlichdimensionalen Verteilungen des Gaußschen Feldes ξ. $a(y)$ ist dabei der zu f_ε gehörende Grenzwert (2.2).

Faßt man $D(x)$ als Vergangenheit des Feldes f_ε auf, so folgt aus (2.4), daß die Zufallsgrößen $\xi\left(\overset{1}{x}, \omega\right)$ und $\xi\left(\overset{2}{x}, \omega\right)$ unabhängig sind, falls die Vergangenheiten $D\left(\overset{1}{x}\right)$ und $D\left(\overset{2}{x}\right)$ keine gemeinsamen Punkte besitzen. Zum Beispiel ist es möglich $D(x)$ als

$$D(x) = \{z : z_i \leq x_i,\ i = 1, 2, \ldots, n\} \cap D \text{ (vgl. Abb. 13.1) oder als}$$

$$D(x) = \{z : (z_n - x_n)^2 - \sum_{s=1}^{n-1} (z_s - x_s)^2 \geq 0;\ z_n \leq x_n\} \cap D \text{ (vgl. Abb. 13.2)}$$

zu definieren.

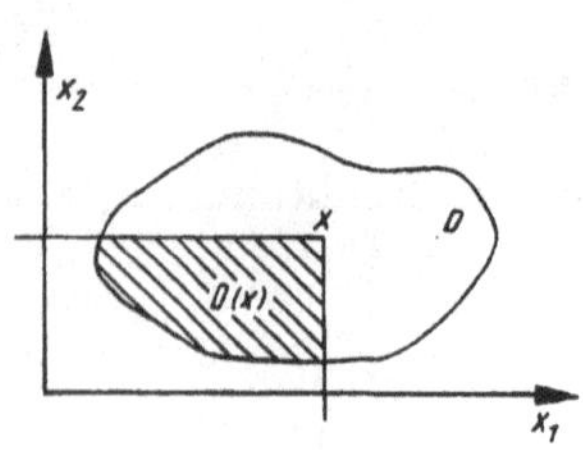

Abb. 13.1

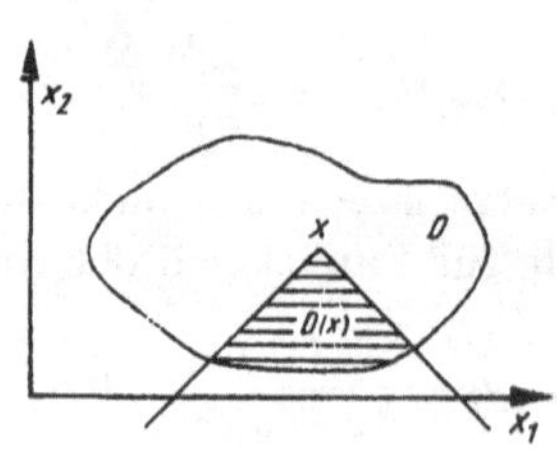

Abb. 13.2

Für den eindimensionalen Fall, also $R^n = R$, mit $D = [\alpha, \beta]$ und $D(x) = [\alpha, x]$ folgt aus Satz 5 die Konvergenz von

$$r_\varepsilon(x, \omega) = \frac{1}{\sqrt{\varepsilon}} \int_\alpha^x F(x, y) f_\varepsilon(y, \omega)\, dy$$

gegen den Gaußprozeß $\xi(x, \omega)$ mit der Korrelationsfunktion

$$\left\langle \xi\left(\overset{1}{x}\right) \xi\left(\overset{2}{x}\right) \right\rangle = \int_\alpha^{\min(\overset{1}{x},\overset{2}{x})} F\left(\overset{1}{x}, y\right) F\left(\overset{2}{x}, y\right) a(y)\, dy.$$

Im Falle $F(x, y) \equiv 1$ und $a(y) \equiv a = \text{const.}$ ist $\xi(x - \alpha, \omega)$ gerade der Wienerprozeß.

Zum Abschluß dieses Abschnittes notieren wir eine Bemerkung, die in vielen Fällen der Anwendung wesentliche rechnerische Erleichterung bringt.

Bemerkung: Ist das schwach korrelierte Feld $f_\varepsilon(x, \omega)$ im weiteren Sinne homogen, so gilt für den zum Feld gehörigen Koeffizienten $a(y)$ (vgl. (2.2)) die Beziehung

$$a(y) \equiv a = \lim_{\varepsilon \downarrow 0} \frac{1}{\varepsilon^n} \int_{K_\varepsilon(0)} \langle f_\varepsilon(0) f_\varepsilon(z) \rangle\, dz.$$

2.2. *Stochastische Eigenwertprobleme*

Wir betrachten des stochastische Eigenwertproblem für $0 \leq x \leq 1$

$$L(\omega)u \doteq (-1)^m [f_m(x)\, u^{(m)}]^{(m)} + \sum_{r=0}^{m-1} (-1)^r [f_{r\varepsilon}(x, \omega)\, u^{(r)}]^{(r)} = \lambda u$$

$$u^{(r)}(0) = u^{(r)}(1) = 0, \; r = 0, 1, \ldots, m - 1. \tag{2.5}$$

$\bar{f}_{r\varepsilon}(x, \omega) \doteq f_{r\varepsilon}(x, \omega) - \langle f_{r\varepsilon}(x) \rangle$ seien für $0 \leq r \leq m - 1$ unabhängige, mit Wahrscheinlichkeit 1 r-mal stetig differenzierbare schwach korrelierte Prozesse mit der Korrelationslänge ε und $f_m(x) \neq 0$ eine deterministische m-mal stetig differenzierbare Funktion. Desweiteren seien die $|\bar{f}_{r\varepsilon}(x, \omega)|$ hinreichend klein und die Erwartungswerte $c_r(x) \doteq \langle f_r(x) \rangle$ seien so beschaffen, daß das zu (2.5) zugehörige gemittelte Problem (siehe Abschnitt 1)

$$\langle L(\omega) \rangle\, w - (-1)^m [f_m(x)\, w^{(m)}]^{(m)} + \sum_{r=0}^{m-1} (-1)^r [c_r(x)\, w^{(r)}]^{(r)} = \mu w$$

$$w^{(r)}(0) = w^{(r)}(1) = 0, \; r = 0, 1, \ldots, m-1$$

positiv definit ist. Dann ist bei $|\bar{f}_r|$ hinreichend klein auch $L(\omega)$ f. ü. positiv definit.

Seien $\lambda_l(\omega)$ die Eigenwerte und $u_l(x, \omega)$ die Eigenfunktionen von (2.5). Weiterhin bezeichnen μ_l die Eigenwerte und $w_l(x)$ die orthonormierten Eigenfunktionen des gemittelten Problems. Wir setzen die μ_l als einfach voraus. Dann gilt für $\lambda_l(\omega)$ die Entwicklung

$$\lambda_l(\omega) = \mu_l + \lambda_{1l}(\omega) + \lambda_{2l}(\omega) + \dots \quad \text{(Konvergenz f. ü.)} \tag{2.6}$$

mit $\lambda_{1l}(\omega) = b_{ll}(\omega)$ und für die Eigenfunktionen $u_l(x, \omega)$

$$u_l(x, \omega) = w_l(x) + u_{1l}(x, \omega) + u_{2l}(x, \omega) + \dots \tag{2.7}$$

(Konvergenz im L_2 (0, 1) f. ü.) mit

$$u_{1l}(x, \omega) = -\sum_{i \neq l}^{\infty} \frac{1}{\mu_i - \mu_l} b_{il}(\omega)\, w_i(x).$$

Dabei ist $b_{ij}(\omega) \doteq (L_1(\omega)\, w_i, w_j)$ mit

$$L_1(\omega)\, u \doteq L(\omega)\, u - \langle L(\omega) \rangle u = \sum_{r=0}^{m-1} (-1)^r [\bar{f}_{r\varepsilon}(x, \omega)\, u^{(r)}]^{(r)}.$$

Zur Formulierung des folgenden Satzes vereinbaren wir die Bezeichnungen

$$\Lambda_{li}(\omega) \doteq \begin{cases} \lambda_l(\omega) & \text{für } i = 0 \\ u_l(\overset{i}{x}, \omega) & \text{für } i \neq 0, \end{cases} \qquad \Lambda_{0li} \doteq \begin{cases} \mu_l & \text{für } i = 0 \\ w_l(\overset{i}{x}) & \text{für } i \neq 0, \end{cases}$$

falls $\overset{i}{x} \in [0, 1]$ für $i = 1, 2, \dots$ vorgegebene Zahlen wird. Weiterhin sei

$$\overset{l}{G}_{r,i}(y) \doteq \begin{cases} (w_l^{(r)}(y))^2 & \text{für } i = 0 \\ -\dfrac{\partial^r G_l(\overset{i}{x}, y)}{\partial y^r} & \text{für } i \neq 0, \end{cases}$$

wenn $G_l(x, y)$ die verallgemeinerte Greensche Funktion zum Operator $\langle L \rangle u - \mu_l u$ und den Randbedingungen $u^{(r)}(0) = u^{(r)}(1) = 0$, $r = 0, 1, \dots, m-1$, darstellt. Damit kann der Satz 6 über die asymptotische Verteilung der Eigenwerte $\lambda_l(\omega)$ und Eigenfunktionen $u_l(x, \omega)$ aufgeschrieben werden.

Satz 6: Sind $\overset{1}{x}, \overset{2}{x} \dots$ beliebige Punkte aus [0, 1] und bilden $\{\bar{f}_{r\varepsilon}(x, \omega)\}_{r=0,1,\dots,m-1}$ Folgen unabhängiger schwach korrelierter Prozesse der Korrelationslänge $\varepsilon \downarrow 0$ mit

$$\lim_{\varepsilon \downarrow 0} \frac{1}{\varepsilon} \int_{-\varepsilon}^{\varepsilon} \langle \bar{f}_{r\varepsilon}(x)\, \bar{f}_{r\varepsilon}(x + y) \rangle\, dy = a_r(x) < \infty,$$

so konvergiert der Zufallsvektor

$$\frac{1}{\sqrt{\varepsilon}}(\Lambda_{l_1 i_1} - \Lambda_{0 l_1 i_1}, \ldots, \Lambda_{l_k i_k} - \Lambda_{0 l_k i_k})^T$$

verteilungsmäßig gegen den gaußverteilten Zufallsvektor

$$(\xi_{l_1 i_1}, \xi_{l_2 i_2}, \ldots \xi_{l_k i_k})^T.$$

Dabei gilt $\xi_{l_s i_s} = \sum_{t=0}^{m-1} \xi_{t l_s i_s}$, $0 \leq s \leq k$, und die gaußverteilten Zufallsvektoren $\underline{\xi}_t \doteq (\xi_{t l_1 i_1}, \ldots, \xi_{t l_k i_k})^T$, $0 \leq t \leq m - 1$, sind unabhängig und besitzen die Momente $\langle \underline{\xi}_t \rangle = 0$ und

$$\langle \underline{\xi}_t \underline{\xi}_t^T \rangle = \left(\int_0^1 \overset{l}{G}{}^p_{t, i_p}(y) \, \overset{l}{G}{}^q_{t, i_q}(y) \, a_t(y) \, dy \right)_{1 \leq p, q \leq k}.$$

Für den Beweis dieses Satzes benutzt man die Entwicklungen der Eigenwerte (2.6) und Eigenfunktionen (2.7), wie sie oben aufgeschrieben wurden. Man beweist zunächst die Behauptung des Satzes für die p-ten Näherungen $\lambda_l^{(p)}(\omega) = \sum_{s=1}^{p} \lambda_{sl}(\omega)$, $u_l^{(p)}(x, \omega) = \sum_{s=1}^{p} u_{sl}(x, \omega)$ der Eigenwerte und Eigenfunktionen, indem man die Sätze 2 bis 4 ausnutzt. Schließlich läßt sich zeigen, daß man in dem erhaltenen Resultat p gegen Unendlich streben lassen kann (vgl. etwa [3]).

Aus dem Satz 6 lassen sich einige wichtige Spezialfälle ableiten:

(a) $$\frac{1}{\sqrt{\varepsilon}}(\lambda_{l_1} - \mu_{l_1}, \ldots, \lambda_{l_k} - \mu_{l_k})^T \xrightarrow[\varepsilon \downarrow 0]{\text{in Verteilung}} (\xi_{l_1}, \ldots, \xi_{l_k})^T$$

Dabei wird der Gaußvektor $\underline{\xi} \doteq (\xi_{l_1}, \ldots, \xi_{l_k})^T$ durch die Parameter $\langle \underline{\xi} \rangle = 0$ und

$$\langle \underline{\xi} \, \underline{\xi}^T \rangle = \left(\sum_{t=0}^{m-1} \int_0^1 \left(w_{l_p}^{(t)}(y) \, w_{l_q}^{(t)}(y) \right)^2 a_t(y) \, dy \right)_{1 \leq p, q \leq k} \tag{2.6}$$

bestimmt. Also konvergiert die Zufallsfolge $\left(\frac{1}{\sqrt{\varepsilon}}(\lambda_l - \mu_l) \right)_{1 \leq l < \infty}$ bei $\varepsilon \downarrow 0$ in Verteilung gegen die Gaußsche Zufallsfolge $(\xi_l)_{1 \leq l < \infty}$, deren Verteilungsfunktionen durch (2.6) bestimmt sind.

(b) $$\frac{1}{\sqrt{\varepsilon}}(u_{l_1}(x) - w_{l_1}(x), \ldots, u_{l_k}(x) - w_{l_k}(x))^T$$

$$\xrightarrow[\varepsilon \downarrow 0]{\text{in Verteilung}} (\eta_{l_1}(x), \ldots, \eta_{l_k}(x))^T$$

Der Vektorprozeß $\underline{\eta}(x) = (\eta_{l_1}(x), \ldots, \eta_{l_k}(x))^T$ ist ein Gaußprozeß mit $\langle \underline{\eta}(x) \rangle = 0$ und (2.7)

$$\langle \underline{\eta}(\overset{1}{x})\, \underline{\eta}(\overset{2}{x})^T \rangle = \left(\sum_{t=0}^{m-1} \int_0^1 \left(\frac{\partial^t G_{l_p}(\overset{1}{x}, y)}{\partial y^t} \frac{\partial^t G_{l_q}(\overset{2}{x}, y)}{\partial y^t} w_{l_p}^{(t)}(y)\, w_{l_q}^{(t)}(y)\, a_t(y)\, dy \right) \right)_{1 \leq p, q \leq k}.$$

Damit konvergiert die Folge $\left(\frac{1}{\sqrt{\varepsilon}} (u_l(x) - w_l(x)) \right)_{1 \leq l < \infty}$ von stochastischen Prozessen in der Verteilung gegen die Gaußfolge $(\eta_l(x))_{1 \leq l < \infty}$, deren erste und zweite Momente durch (2.7) bestimmt sind.

(c) $$\frac{1}{\sqrt{\varepsilon}} (\lambda_l - \mu_l, u_j(x) - w_j(x))^T \xrightarrow[\varepsilon \downarrow 0]{\text{in Verteilung}} (\xi_l, \eta_j(x))^T$$

$\underline{\zeta}(x) \doteq (\xi_l, \eta_j(x))^T$ ist ein Gaußprozeß mit den ersten beiden Momenten $\langle \underline{\zeta}(x) \rangle = 0$ und

$$\left\langle \underline{\zeta}(\overset{1}{x})\, \underline{\zeta}(\overset{2}{x}) \right\rangle =$$

$$\sum_{t=0}^{m-1} \int_0^1 \begin{pmatrix} (w_l^{(t)}(y))^4 & -\frac{\partial^t G_j(\overset{2}{x}, y)}{\partial y^t} w_j^{(t)}(y)\, (w_l^{(t)}(y))^2 \\ -\frac{\partial^t G_j(\overset{1}{x}, y)}{\partial y^t} w_j^{(t)}(y)\, (w_l^{(t)}(y))^2 & \frac{\partial^t G_j(\overset{1}{x}, y)}{\partial y^t} \frac{\partial^t G_j(\overset{2}{x}, y)}{\partial y^t} (w_j^{(t)}(y))^2 \end{pmatrix} a_t(y)\, dy$$

Dieser Fall (c) kann auch in allgemeiner Form aufgeschrieben werden.

Beispiel: Wir betrachten das stochastische Eigenwertproblem

$$-u'' + f_\varepsilon(x, \omega)\, u = \lambda(1 + g_\varepsilon(x, \omega))\, u, \quad u(0) = u(1) = 0 \tag{2.8}$$

in $0 \leq x \leq 1$ mit den unabhängigen schwach korrelierten Prozessen $f_\varepsilon(x, \omega)$, $g_\varepsilon(x, \omega)$ der Korrelationslänge ε. Für $g(x, \omega) \not\equiv 0$ ist das Eigenwertproblem (2.8) nicht in der bisher behandelten Klasse von stochastischen Eigenwertproblemen enthalten, doch lassen sich ähnliche Resultate auch für eine allgemeinere Klasse beweisen, in der (2.8) enthalten ist.

Das zu (2.8) zugehörige gemittelte Problem

$$-w'' = \mu w, \quad w(0) = w(1) = 0$$

hat die einfachen Eigenwerte $\mu_l = (l\pi)^2$ und die Eigenfunktionen $w_l(x) = \sqrt{2}\, \sin(l\pi x)$. Die zu den schwach korrelierten Prozessen gehörigen Koeffizienten sind

$$a(y) = \lim_{\varepsilon \downarrow 0} \frac{1}{\varepsilon} \int_{-\varepsilon}^{\varepsilon} \langle f_\varepsilon(y)\, f_\varepsilon(y + z) \rangle\, dz, \quad b(y) = \lim_{\varepsilon \downarrow 0} \frac{1}{\varepsilon} \int_{-\varepsilon}^{\varepsilon} \langle g_\varepsilon(y)\, g_\varepsilon(y + z) \rangle\, dz.$$

Mit den Bezeichnungen dieses Abschnittes erhält man

$$\frac{1}{\sqrt{\varepsilon}}(\Lambda_{l_1 i_1} - \Lambda_{0 l_1 i_1}, \ldots, \Lambda_{l_k i_k} - \Lambda_{0 l_k i_k}) \xrightarrow[\varepsilon \downarrow 0]{\text{in Verteilung}} (\xi_{l_1 i_1}, \ldots, \xi_{l_k i_k})^T,$$

wobei der Zufallsvektor $(\xi_{l_1 i_1}, \ldots, \xi_{l_k i_k})$ gaußverteilt ist mit den ersten beiden Momenten $\langle \xi_{l_p i_p} \rangle = 0$ und

$$\langle \xi_{l_p i_p} \xi_{l_q i_q} \rangle = \int_0^1 (a(y) + \mu_{l_p} \mu_{l_q} b(y)) \overset{l}{G}{}^p_{0, i_p}(y) \overset{l}{G}{}^q_{0, i_q}(y) \, dy.$$

Speziell erhalten wir:

(a) Für $F^{lj}(t, s) \doteq P\left(\frac{1}{\sqrt{\varepsilon}}(\lambda_l - \mu_l) < t, \frac{1}{\sqrt{\varepsilon}}(\lambda_j - \mu_j) < s\right)$ und $\Phi^{lj}(t, s) \doteq P(\xi_{l0} < t, \xi_j < s)$ (Normalverteilung) gilt

$$\lim_{\varepsilon \downarrow 0} F^{lj}(t, s) = \Phi^{lj}(t, s)$$

mit $\langle \xi_{p0} \rangle = 0$ und

$$(\langle \xi_{p0} \xi_{q0} \rangle)_{p,q \in \{l,j\}} = \left(\int_0^1 (a + \mu_p \mu_q b) \, w_p^2(y) \, w_q^2(y) \, dy \right)_{p,q \in \{1,j\}}$$

und speziell für im weiteren Sinne schwach korrelierte Prozesse $f_\varepsilon(x, \omega)$ und $g_\varepsilon(x, \omega)$

$$(\langle \xi_{p0} \xi_{q0} \rangle)_{p,q \in \{l,j\}} = \begin{pmatrix} \frac{3}{2}(a + \mu_l^2 b) & (a + \mu_l \mu_j b) \\ (a + \mu_l \mu_j b) & \frac{3}{2}(a + \mu_j^2 b) \end{pmatrix}.$$

Bei $g_\varepsilon \not\equiv 0$ und im weiteren Sinne stationären schwach korrelierten Prozessen hängt die Streuung der Grenzverteilung von der Nummer der Eigenwerte ab, speziell gilt

$$\langle \xi_{l0}^2 \rangle = \frac{3}{2}(a + \mu_l^2 b).$$

Das spiegelt ein Zerfließen der Eigenwerte mit wachsender Nummer wider. Dieses Verhalten wurde in Abbildung 14 bei $a = b = 1$ dargestellt.

Für $g_\varepsilon = 0$ hängt die Streuung der Grenzverteilung nicht von der Nummer der Eigenwerte ab. In diesem Fall ist die Korrelation $\langle \xi_{l0} \xi_{j0} \rangle = a$ für $l \neq j$ unabhängig von l und j. Dieser Effekt erklärt sich aus der Tatsache, daß der Operator $L(\omega)$ die Eigenwerte bestimmt bzw. der Eigenwert $\lambda_l(\omega)$ für ein ω_0 über den Operator $L(\omega)$ die anderen Eigenwerte $\lambda_j(\omega)$ für dieses ω_0 festlegt.

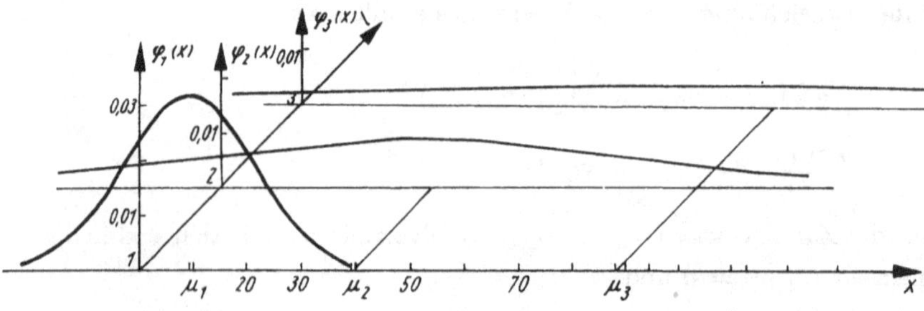

Abb. 14 Dichtefunktion $\varphi_l(x)$ von ξ_{l0} für $l = 1, 2, 3$ bei a = b = 1

Nach dem obigen Grenzwertsatz ist der erste Eigenwert $\lambda_1(\omega)$ annähernd $N(\mu_1, \varepsilon\sigma_1^2)$-verteilt bei $\sigma_1^2 = \langle\xi_{10}^2\rangle$. Die angenäherte Verteilungsfunktion von λ_1

$$P(\lambda_1 < t) = \frac{1}{\sqrt{2\pi\varepsilon}\,\sigma_1} \exp\left(-\frac{(t-\mu_1)^2}{2\varepsilon\sigma_1^2}\right)$$

beantwortet die Frage nach der Stabilität des technischen Systems, das durch das stochastische Eigenwertproblem (2.8) beschrieben wird, in Bezug auf Eigenschwingungen. $P(\lambda_1 < t)$ ist die Wahrscheinlichkeit, daß die erste Eigenfrequenz des Systems kleiner als t ist.

(b) $$\frac{1}{\sqrt{\varepsilon}}\,(u_l(x) - w_l(x),\, u_j(x) - w_j(x))^T \xrightarrow[\varepsilon \downarrow 0]{\text{in Verteilung}} (\eta_l(x), \eta_j(x))^T$$

Der Gaußvektorprozeß $(\eta_l(x), \eta_j(x))^T$ besitzt die ersten beiden Momente

$$\langle\eta_p(x)\rangle = 0,\ \langle\eta_p\binom{1}{x}\,\eta_q\binom{2}{x}\rangle = \int_0^1 (a(y) + \mu_p\mu_q b(y))\, G_p(x, y)\, G_q(x, y)\, w_p(y)\, w_q(y)\, dy$$

für $p, q \in \{l, j\}$. Die Korrelationsgrößen dieses Gaußschen Vektorprozesses lassen sich auch aus

$$\left\langle\eta_p\binom{1}{x}\,\eta_q\binom{2}{x}\right\rangle = \lim_{\varepsilon\downarrow 0} \frac{1}{\varepsilon} \left\langle u_{1p}\binom{1}{x}\, u_{1q}\binom{2}{x}\right\rangle$$

berechnen, wenn $u_{1p}(x, \omega)$ das erste Glied in der Entwicklung von $u_p(x, \omega) - w_p(x)$ nach $f_\varepsilon(x, \omega)$ und $g_\varepsilon(x, \omega)$ ist. Man erhält nach einigen Rechnungen

$$u_{1p}(x, \omega) = -\frac{1}{p\pi}\int_0^x \bar{f}_\varepsilon\, w_p \sin(p\pi(t - x))\, dt + \frac{1}{2\mu_p}\left(x w_p'(x) - \frac{1}{2}\, w_p(x)\right)$$
$$\times \int_0^1 \bar{f}_\varepsilon\, w_p^2\, dt - \frac{1}{2\mu_p}\, w_p(x) \int_0^1 (1 - t)\, \bar{f}_\varepsilon\, w_l\, w_l'\, dt$$

mit $\bar{f}_\varepsilon(x, \omega) = f_\varepsilon(x, \omega) - \mu_l g_\varepsilon(x, \omega)$. Damit ergibt sich unter der Voraussetzung, daß f_ε und g_ε im weiteren Sinne stationär sind, bei $\bar{\sigma}_{pq} = a + \mu_p\mu_q b$ die Korrelationsfunktion des Grenzprozesses von $\frac{1}{\sqrt{\varepsilon}}\,(u_l(x,\omega) - w_l(x))$ als

$$\langle \eta_l(x)\,\eta_l(y)\rangle = \frac{\bar{\sigma}_{ll}}{8\mu_l^2}\left\{\mu_l\left(\frac{x^2}{2}+\frac{y^2}{2}-y+\frac{1}{3}\right)w_l(x)\,w_l(y) + 3x(1-y)\,w_l'(x)\,w_l'(y)\right.$$
$$+ [x w_l'(x)\,w_l(y) - (1-y)\,w_l(x)\,w_l'(y)]\left[3-\frac{1}{2}(w_l^2(y)+w_l^2(x))\right]$$
$$\left. + \frac{5}{8}\,w_l(x)\,w_l(y)\,[-5+w_l^2(y)+w_l^2(x)]\right\}$$

und damit die Varianzfunktion

$$\langle \eta_l^2(x)\rangle = \frac{\bar{\sigma}_{ll}}{4\mu_l^2}\left\{3\mu_l x(1-x) + \mu_l\left(\frac{1}{6}+2x(x-1)\right)w_l^2(x) + \left(x-\frac{1}{2}\right)\right.$$
$$\left.\times\,(3-w_l^2(x))\,w_l'(x)\,w_l(x) + \frac{5}{8}\left(w_l^2(x)-\frac{5}{2}\right)w_l^2(x)\right\}.$$

Die Abbildung 15 zeigt diese Varianzfunktion für die Werte $l = 1, 2, 3$ und die Eigenfunktionen $w_p(x)$ des gemittelten Problems. Man bemerkt, daß etwa für $l = 1$ gerade für das Maximum der Eigenfunktion die Varianz ein Minimum besitzt. Ähnliche Aussagen gelten auch für $l = 2, 3$.

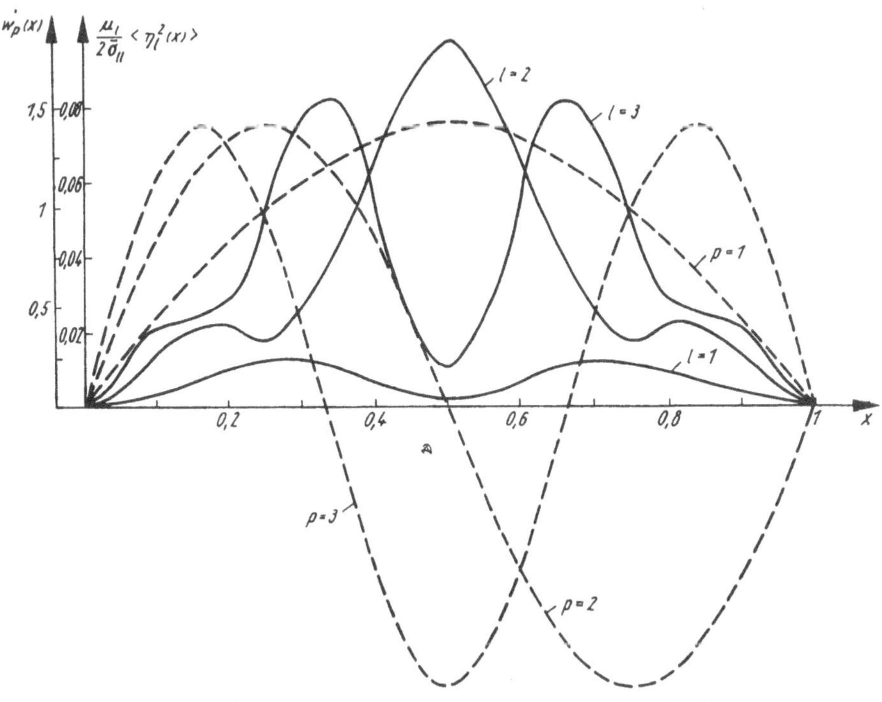

Abb. 15 Varianzen $\langle \eta_l^2(x)\rangle$ und Eigenfunktionen des gemittelten Problems $w_p(x)$

2.3. *Stochastische Randwertprobleme*

2.3.1. Gewöhnliche Differentialoperatoren

In diesem Abschnitt behandeln wir das stochastische Randwertproblem in $0 \leq x \leq 1$

$$L(\omega)\, u \doteq (-1)^m\, [f_m(x)\, u^{(m)}]^{(m)} + \sum_{r=0}^{m-1} (-1)^r\, [f_{r\varepsilon}(x, \omega)\, u^{(r)}]^{(r)} = g_\varepsilon(x, \omega)$$

$$U_i[u] = 0,\ i = 1, 2, \ldots, 2m \tag{2.9}$$

(vgl. auch [3], [4]). Die Randbedingungen seien so beschaffen, daß

$$(L(\omega)\, u, v) = \sum_{r=0}^{m} \int_0^1 (-1)^r\, [f_{r\varepsilon}(x)\, u^{(r)}]^{(r)}\, v dx = \sum_{r=0}^{m} \int_0^1 f_{r\varepsilon}(x)\, u^{(r)}\, v^{(r)}\, dx$$

für alle zulässigen Funktionen u, v (d.h. Funktionen, die $2m$ mal stetig differenzierbar sind und die Randbedingungen erfüllen) gilt. Die Prozesse

$$\bar{f}_{r\varepsilon}(x, \omega) \doteq f_{r\varepsilon}(x, \omega) - \langle f_{r\varepsilon}(x)\rangle \text{ für } 0 \leq r \leq m-1, \bar{g}_\varepsilon(x, \omega) \doteq g_\varepsilon(x, \omega) - \langle g_\varepsilon(x)\rangle$$

seien unabhängig, schwach korreliert mit der Korrelationslänge ε und $f_m(x) \neq 0$ sei eine stetige deterministische Funktion. Es gelte weiterhin

$$|\bar{f}_{r\varepsilon}^{(s)}(x, \omega)| \leq \eta,\ r = 0, 1, \ldots, m-1;\ s = 0, 1, \ldots, r \tag{2.10}$$

mit hinreichend kleinem η und die auftretenden Prozesse und deren Ableitungen seien realisierungsweise glatt. Das betrachtete Randwertproblem (2.9) läßt sich dann folgendermaßen schreiben:

$$L(w)\, u = \langle L(\omega)\rangle\, u + L_1(\omega)\, u = \langle g_\varepsilon(x)\rangle + \bar{g}_\varepsilon(x, \omega);\ U_i[u] = 0,$$
$$i = 1, 2, \ldots, 2m$$

mit

$$L_1(\omega)\, u = \sum_{r=0}^{m-1} (-1)^r\, [\bar{f}_{r\varepsilon}(x, \omega)\, u^{(r)}]^{(r)}$$

$$\langle L(\omega)\rangle\, u = (-1)^m\, [f_m(x)\, u^{(m)}]^{(m)} + \sum_{r=0}^{m-1} (-1)^r\, [\langle f_{r\varepsilon}(x)\rangle\, u^{(r)}]^{(r)}.$$

Wir setzen noch voraus, daß $\langle L(\omega)\rangle\, w = 0$, $U_i[w] = 0$ nur die triviale Lösung $w \equiv 0$ besitzt.

Entwickelt man die Lösung $u(x, \omega)$ von (2.9) ähnlich wie bei den Eigenwertproblemen nach den $\bar{f}_r$, $\bar{g}$,

$$u(x, \omega) = \sum_{k=0}^{\infty} u_k(x, \omega),$$

wobei $u_k(x, \omega)$ den homogenen Anteil k. Ordnung in den $\bar{f}_r$, $\bar{g}$ von $u(x, \omega)$ bezeichnet, so läßt sich der folgende Satz beweisen.

Satz 7: Bilden $\{\bar{f}_{r\varepsilon}(x, \omega)\}_{r=0,1,\ldots,m-1}$, $\bar{g}_\varepsilon(x, \omega)$ in Bezug auf ε Folgen unabhängiger, schwach korrelierter Prozesse mit der Korrelationslänge $\varepsilon \downarrow 0$ und

$$\lim_{\varepsilon\downarrow 0} \frac{1}{\varepsilon} \int_{-\varepsilon}^{\varepsilon} \langle \bar{f}_{r\varepsilon}(y)\, \bar{f}_{r\varepsilon}\,(y+z)\rangle\, dz = a_r(y),\ \lim_{\varepsilon\downarrow 0} \frac{1}{\varepsilon} \int_{-\varepsilon}^{\varepsilon} \langle \bar{g}_\varepsilon(y)\, \bar{g}_\varepsilon(y+z)\rangle\, dz = b(y),$$

so konvergiert der aus der Lösung $u_\varepsilon(x, \omega)$ von (2.9) und der Lösung $w(x)$ des dazugehörigen gemittelten Problems,

$$\langle L(\omega)\rangle\, w = \langle g(x)\rangle, \quad U_i[w] = 0, \quad i = 1, 2, \ldots, 2m,$$

gebildete Prozeß $\frac{1}{\sqrt{\varepsilon}}\,(u_\varepsilon(x, \omega) - w(x))$ in Verteilung gegen den Gaußprozeß $\eta(x, \omega)$

$$\frac{1}{\sqrt{\varepsilon}}\,(u_\varepsilon(x, \omega) - w(x)) \xrightarrow[\varepsilon\downarrow 0]{\text{in Verteilung}} \eta(x, \omega),$$

mit den ersten beiden Momenten $\langle \eta(x)\rangle = 0$ und

$$\left\langle \eta\left(\overset{1}{x}\right)\, \eta\left(\overset{2}{x}\right)\right\rangle = \int_0^1 G\left(\overset{1}{x}, y\right) G\left(\overset{2}{x}, y\right) b(y)\, dy + \sum_{r=0}^{m-1} \int_0^1 \frac{\partial^r G\left(\overset{1}{x}, y\right)}{\partial y^r} \frac{\partial^r G\left(\overset{2}{x}, y\right)}{\partial y^r}\, (u_0^{(r)}(y))^2\, a(y)\, dy.$$

$G(x, y)$ bezeichnet die Greensche Funktion zum Operator $\langle L(\omega)\rangle$ und den Randbedingungen $U_i[u] = 0$, $i = 1, 2, \ldots, 2m$.

Bemerkung 1: Der Satz 7 gilt für beliebige schwach korrelierte Prozesse $\bar{g}_\varepsilon$, ohne irgendwelche Bedingungen der Form (2.10) an $\bar{g}_\varepsilon$. Für $\bar{f}_r(x, \omega) \equiv 0$, $r = 0, 1, \ldots, m-1$, also bei deterministischem Operator L, erhalten wir als Lösung des Randwertproblems

$$u_\varepsilon(x, \omega) = w(x) + \int_0^1 G(x, y)\, \bar{g}_\varepsilon(y, \omega)\, dy \text{ mit } w(x) = \int_0^1 G(x, y)\, \langle g_\varepsilon(y)\rangle\, dy$$

und $\frac{1}{\sqrt{\varepsilon}}\,(u_\varepsilon(x, \omega) - w(x))$ konvergiert in diesem Fall in Verteilung gegen den Gaußprozeß $\eta(x, \omega)$ mit

$$\langle \eta(x)\rangle = 0, \quad \left\langle \eta\left(\overset{1}{x}\right)\, \eta\left(\overset{2}{x}\right)\right\rangle = \int_0^1 G\left(\overset{1}{x}, y\right)\, G\left(\overset{2}{x}, y\right)\, b(y)\, dy.$$

W. E. Boyce behandelte in [5] diesen Spezialfall und zeigte, daß $\frac{1}{\sqrt{\varepsilon}}\,(u_\varepsilon(x, \omega) - w(x))$ bei $\varepsilon \downarrow 0$ für jedes $x \in [0, 1]$ eine gaußverteilte Zufallsgröße $\eta(x, \omega)$ ist.

Bemerkung 2: Sind μ_i, $w_i(x)$ die Eigenwerte bzw. die orthonormierten Eigenfunktionen des gemittelten Operators $\langle L(\omega)\rangle$, so läßt sich die Korrelationsfunktion des Grenzprozesses $\eta(x, \omega)$ als

$$\left\langle \eta\left(\overset{1}{x}\right) \eta\left(\overset{2}{x}\right) \right\rangle = \sum_{p,q=1}^{\infty} \left\{ b_{pq} + \sum_{r=0}^{m-1} c_{pq}^r \right\} \frac{w_p\left(\overset{1}{x}\right) w_q\left(\overset{2}{x}\right)}{\mu_p \, \mu_q}$$

bei

$$b_{pq} \doteq \int_0^1 w_p(y) \, w_q(y) \, b(y) \, dy$$

$$c_{pq}^r \doteq \int_0^1 w_p^{(r)}(y) \, w_q^{(r)}(y) \, (w^{(r)}(y))^2 \, a_r(y) \, dy$$

berechnen.

Die Korrelationsfunktion von $\eta(x, \omega)$ kann auch über das Ritzsche Verfahren für (2.9) näherungsweise berechnet werden, wobei man von einem beliebigen im energetischen Raum $H_{\langle L\rangle}$ vollständigen System von Funktionen $\{\varphi_i\}_{1 \leq i < \infty}$ausgehen kann (vgl. [4]).

Beispiel: Für das einfache Randwertproblem

$$-u'' + pu = g_\varepsilon(x, \omega), \; u(0) = u(1) = 0$$

mit $p = \text{const.}$ und $g_\varepsilon(x, \omega)$ schwach korreliert und im weiteren Sinne stationär besitzt bei $p \neq -(k\pi)^2$, $k = 1, 2, \ldots$ das dazugehörige gemittelte Problem

$$-w'' + pw = 0, \; w(0) = w(1) = 0$$

nur die triviale Lösung und die symmetrische Greensche Funktion $G_p(x, y)$ berechnet sich als

$$G_p(x, y) = \frac{sh(\beta x) \, sh\,(\beta(1 - y))}{\beta sh(\beta)} \text{ für } 0 \leq x < y \leq 1 \;\; (\beta \doteq \sqrt{p}).$$

Damit kann nach Satz 7 die Korrelationsfunktion von $\eta_p(x, \omega)$ berechnet werden. Mit Hilfe der Eigenwerte $\mu_i = (i\pi)^2 + p$ und der Eigenfunktionen $w_i(x) = \sqrt{2} \sin(i\pi x)$ zum gemittelten Operator $\langle L\rangle = L = -w'' + pw$ und den Randbedingungen $w(0) = w(1) = 0$ erhält man aus der Bemerkung 2

$$\left\langle \eta_p\left(\overset{1}{x}\right) \eta_p\left(\overset{2}{x}\right) \right\rangle = b \sum_{i=1}^{\infty} \frac{1}{\mu_i^2} w_p\left(\overset{1}{x}\right) w_p\left(\overset{2}{x}\right) = 2b \sum_{i=1}^{\infty} \frac{\sin\left(i\pi \overset{1}{x}\right) \sin\left(i\pi \overset{2}{x}\right)}{((i\pi)^2 + p)^2}.$$

Für $p < 0$ ist $\beta = i\sqrt{-p} = i\bar{\beta}$ und $\langle \eta^2(x)\rangle$ berechnet sich mit Hilfe der Greenschen Funktion $G_p(x, y)$ als

$$\langle \eta_p^2(x)\rangle = \frac{b}{\bar{\beta} \sin^2 \bar{\beta}} \left(f_{\bar{\beta}}(x) + f_{\bar{\beta}}(1 - x)\right)$$

bei

$$f_{\bar{\beta}}(x) = -\sin((\bar{\beta}1 - x))\left(\frac{1}{4\bar{\beta}}\sin(2\bar{\beta}x) - \frac{1}{2}x\right).$$

Insbesondere gilt

$$\lim_{p\to 0}\langle\eta_p^2(x)\rangle = \frac{1}{3}x^2(1-x)^2 \text{ und } \lim_{p\to -(k\pi)^2}\langle\eta_p^2(x)\rangle = \infty.$$

In der Abbildung 16 sind für einige Werte des Parameters p die Varianz des Grenzprozesses $\eta_p(x, \omega)$ aufgetragen.

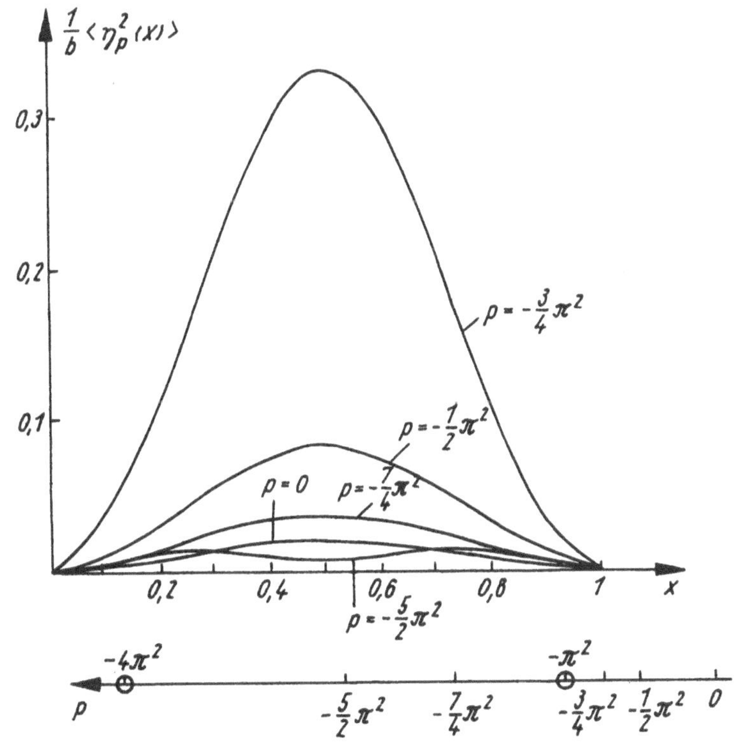

Abb. 16 Varianz $\langle\eta_p^2(x)\rangle$ bei verschiedenen Parametern p

2.3.2. Partielle Differentialoperatoren

Wir werden uns mit dem Dirichlet-Problem für den Laplace-Operator im R^n beschäftigen (vgl. [2]). Dabei seien die Randbedingungen deterministisch und der inhomogene Term der Differentialgleichung sei ein stochastisches Feld.

Wir betrachten also das Randwertproblem 1. Art

$$-\Delta u = f(x, \omega), \; u|_{\partial D} = u_0; \; x \in D \subset R^n \tag{2.11}$$

in einem beschränkten Gebiet D, dessen Rand ∂D genügend glatt sei (etwa $\partial D \in C^2$). Auf derartige Problemstellungen führt zum Beispiel die Untersuchung der stationären Transversalschwingungen einer homogenen Membran mit konstanter Dichte im Falle $n = 2$. Dabei ist $u(x)$ die vertikale Auslenkung der Membran und f die Dichte der äußeren Kraft. Auf solche inhomogenen Dirichlet-Probleme führen auch stationäre Wärmeleitungs- und Diffusionsprozesse.

Die Lösung des Problems (2.11) hat die Form

$$u(x, \omega) = - \int_{\partial D} \frac{\partial G}{\partial n} u_0 \, dS + \int_D G(x, y) f(y, \omega) \, dy,$$

wobei $G(x, y)$ die Greensche Funktion des genannten Dirichlet-Problems ist. Unter $\frac{\partial G}{\partial n}$ verstehen wir die Normalenableitung von $G(x, y)$ bezüglich y auf ∂D. Bezeichnet $w(x)$ die Lösung des zu (2.11) gehörenden gemittelten Problems

$$-\Delta w = \langle f(x) \rangle, \; w|_{\partial D} = u_0,$$

so werden wir unsere weiteren Betrachtungen auf

$$\bar{u}(x, \omega) \doteq u(x, \omega) - w(x) = \int_D G(x, y) \bar{f}(y, \omega) \, dy \tag{2.12}$$

beziehen. Dabei ist $\bar{f}(x, \omega) \doteq f(x, \omega) - \langle f(x) \rangle$. Die Greensche Funktion hat die Struktur

$$G(x, y) = \begin{cases} -\dfrac{1}{2\pi} \ln \|x - y\| + H_2(x, y) & \text{für } n = 2 \\ [S_n(K_1(0))(n-2)]^{-1} \|x - y\|^{-n+2} + H_n(x, y) & \text{für } n \geq 3, \end{cases}$$

wobei $H_n(x, y)$ eine harmonische Funktion und $S_n(K_1(0))$ den Inhalt der Oberfläche der n-dimensionalen Einheitskugel bezeichnen.

Wegen der Singularitäten können auf Funktionale der Art (2.12) die Sätze aus Abschnitt 2.1. nicht angewendet werden. Es lassen sich jedoch die Sätze 2 und 3 auch auf Funktionale der Art

$$r_{i\varepsilon}(x, \omega) = \frac{1}{\sqrt{\varepsilon}^{\,n}} \int_{D_i} F_i(x, y) f_\varepsilon(y, \omega) \, dy \text{ mit } F_i(x, y) = \frac{J_i(x, y)}{\|x - y\|^{\alpha_i}},$$

$D_i \subset R^n$ (beschränkt) erweitern. Dabei ist $J_i(x, y)$ eine beschränkte Funktion und $0 \leq \alpha_i < n$. Bildet $\{f_\varepsilon(y, \omega)\}$ eine Folge schwach korrelierter Felder mit der Eigenschaft (2.2), so lassen sich folgende Sätze beweisen.

Satz 2': Für $\overset{1}{x} \neq \overset{2}{x}$ gilt

$$\lim_{\varepsilon \downarrow 0} \left\langle r_{1\varepsilon}\left(\overset{1}{x}\right) r_{2\varepsilon}\left(\overset{2}{x}\right) \right\rangle = \int_{D_1 \cap D_2} F_1\left(\overset{1}{x}, y\right) F_2\left(\overset{2}{x}, y\right) a(y) \, dy.$$

Bei $\overset{1}{x} = \overset{2}{x} \in D_1 \cap D_2$ muß zusätzlich $\alpha_1 + \alpha_2 < n$ gefordert werden.

Satz 3': Für die k-ten Momente gilt mit $r_{i\varepsilon}\left(\overset{i}{x}, \omega\right) \doteq r_{i\varepsilon}$

$$\lim_{\varepsilon \downarrow 0} \langle r_{1\varepsilon} r_{2\varepsilon} \dots r_{k\varepsilon} \rangle =$$

$$\begin{cases} \sum\limits_{(i_1,i_2),\dots,(i_{k-1},i_k)} \prod\limits_{s=1,3,\dots,k-1} \lim\limits_{\varepsilon \downarrow 0} \left\langle r_{i_s\varepsilon} r_{i_{s+1}\varepsilon} \right\rangle & \text{k gerade} \\ 0 & k \text{ ungerade,} \end{cases} \qquad (2.13)$$

wobei wie in dem entsprechenden Ausdruck von Satz 3 summiert wird. Fallen in (2.13) Punkte $\overset{i}{x}$ zusammen, so muß zusätzlich

$$\max_s \left\{ \sum_{i=1}^{p_s} \alpha_{l_{si}} \right\} < \frac{kn}{2}$$

gefordert werden. $\{l_{s1}, \dots, l_{sp_s}\}$, $s = 1, 2, \dots, m$, sind die Nummern der zusammenfallenden Punkte $\overset{i}{x}$ $\left(\sum\limits_{s=1}^{m} p_s = k \right)$. Zum Beispiel muß für die Gültigkeit von (2.13) für $\left\langle r_{1\varepsilon}\left(\overset{1}{x}\right) r_{2\varepsilon}\left(\overset{1}{x}\right) r_{3\varepsilon}\left(\overset{2}{x}\right) \right\rangle$ die Bedingung $\max \{\alpha_1 + \alpha_2, \alpha_3\} < \frac{3}{2} n$ erfüllt sein.

Damit kann ein dem Satz 5 entsprechender Satz bewiesen werden.

Satz 5': Das stochastische Feld

$$r_\varepsilon(x, \omega) = \frac{1}{\sqrt{\varepsilon^n}} \int_D F(x, y) f_\varepsilon(y, \omega) dy, \; F(x, y) = \frac{J(x, y)}{\|x - y\|^\alpha},$$

$D \subset R^n$ (beschränkt) ($I(x, y)$ beschränkte Funktion) konvergiert für $\varepsilon \downarrow 0$ in Verteilung gegen das Gaußsche Feld ξ (x, ω) mit

$$\langle \xi(x) \rangle = 0 \text{ und } \left\langle \xi\left(\overset{1}{x}\right) \xi\left(\overset{2}{x}\right) \right\rangle = \int_D F\left(\overset{1}{x}, y\right) F\left(\overset{2}{x}, y\right) a(y) \, dy,$$

falls $\alpha < \frac{n}{2}$.

Die Bedingung $\alpha < \frac{n}{2}$ folgt aus der zusätzlichen Forderung in Satz 3', wenn alle Beobachtungspunkte $\overset{i}{x}$ gleich sind, denn dann muß gelten

$$\max_s \{\alpha p_s\} = k\alpha < \frac{kn}{2}, \text{ also } \alpha < \frac{n}{2}.$$

Diese Sätze 2', 3' und 5' gelten ähnlich für logarithmische Singularitäten, also für Funktionen der Art

$$F_i(x, y) = J_i(x, y) \ln\|x - y\|.$$

Aus diesen Betrachtungen wird ersichtlich, daß man Grenzwertsätze für die Lösung des Dirichlet-Problems (2.11) im R^n nur für solche Dimensionen erhalten kann, für die $n - 2 < \frac{n}{2}$ gilt, also für $n < 4$.

Satz 8: Für die Lösung $u_\varepsilon(x, \omega)$ des Dirichlet-Problems (2.11) mit dem inhomogenen Term $f_\varepsilon(x, \omega)$, wobei $\bar{f}_\varepsilon(x, \omega) \doteq f_\varepsilon(x, \omega) - \langle f_\varepsilon(x)\rangle$ ein schwach korreliertes Feld bezeichnet, gilt für $n = 2, 3$

$$\frac{1}{\sqrt{\varepsilon^n}} (u_\varepsilon(x, \omega) - w(x)) \xrightarrow[\varepsilon \downarrow 0]{\text{in Verteilung}} \xi(x, \omega).$$

$\xi(x, \omega)$ ist ein Gaußsches Feld mit dem Erwartungswert Null und der Korrelationsfunktion

$$\left\langle \xi\left(\overset{1}{x}\right) \xi\left(\overset{2}{x}\right) \right\rangle = \int_D G\left(\overset{1}{x}, y\right) G\left(\overset{2}{x}, y\right) a(y)\, dy.$$

Weiterhin gilt

$$\left\langle \xi\left(\overset{1}{x}\right) \xi\left(\overset{2}{x}\right) \right\rangle = \sum_{i,j=1}^{\infty} \frac{w_i\left(\overset{1}{x}\right) w_j\left(\overset{2}{x}\right)}{\mu_i - \mu_j} (w_i, aw_j),$$

wenn $w_i(x)$, μ_i die Eigenfunktionen bzw. Eigenwerte des Eigenwertproblems $-\Delta w = \mu w$, $w|_{\partial D} = 0$ sind. Speziell haben wir für ein im weiteren Sinne stationäres Feld $f_\varepsilon(x, \omega)$ die vereinfachte Formel

$$\left\langle \xi\left(\overset{1}{x}\right) \xi\left(\overset{2}{x}\right) \right\rangle = a \sum_{i=1}^{\infty} \frac{1}{\mu_i^2} w_i\left(\overset{1}{x}\right) w_i\left(\overset{2}{x}\right).$$

Diese Resultate lassen sich auch auf Dirichlet-Probleme mit stochastischem Differentialoperator erweitern, wobei wie in Abschnitt 2.3.1, mit Entwicklungsmethoden gearbeitet werden muß.

2.4. *Randanfangswertprobleme*

Nachdem wir uns in den vorhergehenden Abschnitten mit bezüglich der Zeit stationären Problemen beschäftigt haben, werden wir hier instationäre Aufgabenstellungen untersuchen. Insbesondere wollen wir die Klasse von Randanfangswertproblemen

$$\frac{\partial^2 u}{\partial t^2} + 2\beta \frac{\partial u}{\partial t} + Lu = p(t, x, \omega)$$

Anfangsbedingungen: $u(0, x) = u_0(x)$, $\dfrac{\partial u}{\partial t}(0, x) = u_1(x)$ (2.14)

Randbedingungen nach der Ordnung des elliptischen Operators L auf ∂D

in einem beschränkten Gebiet $D \subset R^n$ behandeln. L ist dabei ein elliptischer, symmetrischer Operator und β eine reelle Zahl. Desweiteren seien die Verträglichkeitsbedingungen zwischen den Anfangs- und den Randbedingungen erfüllt.

Auf solche Randanfangswertprobleme führt die Behandlung von

schwingenden Saiten mit	$D = [0, l] \subset R^1$, $Lu = -Au_{xx}$
schwingenden Trägern mit	$D = [0, l] \subset R^1$, $Lu = A^2 u_{xxxx}$
Transversalschwingungen einer Membran mit	$D \subset R^2$, $Lu = -A\Delta u$
Transversalschwingungen einer Platte mit	$D \subset R^2$, $Lu = A^2 \Delta\Delta u$

und andere. Dabei bezeichnet $p(t, x, \omega)$ die äußere Kraft, die auf das System einwirkt.

Von mechanisch-technischem Interesse ist die Lösung $u(t, x)$, die i.a. die vertikale Auslenkung des betrachteten Systems beschreibt, und zweite Ableitungen der Lösung nach Ortsvariablen x_i, aus denen sich die Spannungen berechnen lassen. Um gewisse Konvergenzfragen bei der Lösung von (2.14) zunächst zu umgehen, untersuchen wir Größen der Art $U(t) = (u(t, .), g)$ $((., .)$ bezeichnet das Skalarprodukt des $L_2(D))$ mit einer genügend glatten Funktion g. Vom technischen Standpunkt aus sind solche „gemittelten" Lösungen ebenso interessant wie die Lösung selbst, denn durch geeignete Wahl von g kann man $(u(t, .), g) \approx u(t, \mathring{x})$ erreichen. Außerdem werden sich aus Aussagen über $U(t)$ unter gewissen Bedingungen auch Aussagen für $u(t, x)$ ergeben.

Mit Hilfe der Fourierschen Methode ergibt sich als Lösung im $L_2(D)$ von (2.14)

$$u(t, x) = \sum_{i=1}^{\infty} \left[[e^{-\beta t} (a_i \cos (\beta_i t) + b_i \sin (\beta_i t)) + \int_0^t h_i(t - s) (w_i, p(s, .)) \, ds \right] w_i(x)$$

mit den Eigenfunktionen $w_i(x)$ und den Eigenwerten μ_i von $Lw = \mu w$, Randbedingungen wie in (2.14),

$$\beta_i = \sqrt{\mu_i - \beta^2}, \; h_i(t) = \frac{1}{\beta_i} e^{-\beta t} \sin (\beta_i t), \; a_i = (u_0, w_i),$$

$$b_i = \frac{1}{\beta_i} [(u_1, w_i) + \beta(u_0, w_i)].$$

Dabei müssen nur Differenzierbarkeitseigenschaften an u_0, u_1 und $p(t, x, \omega)$ gestellt werden, die auch erfüllt sind, denn schwach korrelierte Felder $p_\varepsilon(t, x, \omega)$ kann man als genügend glatt voraussetzen. Zieht man noch die Lösung $w(t, x)$ des zu (2.14) gehörenden gemittelten Problems ab, so ergibt sich mit $\bar{p}(t, x, \omega) = p(t, x, \omega) - \langle p(t, x) \rangle$

$$\bar{u}(t, x, \omega) \doteq u(t, x, \omega) - w(t, x) = \sum_{i=1}^{\infty} \int_0^t h_i(t, s) (w_i, \bar{p}(s, .)) \, ds w_i(x)$$

oder als „gemittelte“ Lösung

$$\overline{U}(t, \omega) = (\overline{u}(t, ., \omega), g) = \sum_{i=1}^{\infty} \int_0^t h_i(t - s) (w_i, \overline{p}(s, .)) ds (w_i, g). \tag{2.15}$$

Wegen $(w_i, g) = \frac{1}{\mu_i} (Lw_i, g) = \frac{1}{\mu_i} (w_i, Lg)$ bei geeigneten g, konvergiert die Reihe für alle betrachteten t und man erhält

$$\overline{U}(t, \omega) = \int_0^t \int_D F(t - s, y) \overline{p}(s, y, \omega) dy ds$$

mit

$$F(t, y) = \sum_{i=1}^{\infty} h_i(t) (w_i, g) w_i(y).$$

Setzt man nun $\overline{p}(s, y, \omega)$ als schwach korreliert in (s, y) voraus, $\overline{p} = \overline{p}_\varepsilon$, so folgt aus Satz 5

$$\frac{1}{\sqrt{\varepsilon}^{n+1}} \overline{U}_\varepsilon(t, \omega) \xrightarrow[\varepsilon \downarrow 0]{\text{in Verteilung}} \xi(t, \omega), \tag{2.16}$$

wobei der Gaußprozeß $\xi(t, \omega)$ die Momente $\langle \xi(t) \rangle = 0$ und

$$\langle \xi(t_1) \xi(t_2) \rangle = \int_0^{\min(t_1,t_2)} \int_D F(t_1 - s, y) F(t_2 - s, y) a(s, y) dy ds$$

besitzt. Unter der Voraussetzung

$$\tilde{F}(t, x, y) = \sum_{i=1}^{\infty} h_i(t) f_i(x) f_i(y) \leq C < \infty$$

für alle $(x, y) \in D \times D$, $t > 0$ läßt sich mit (2.16) (bzw. mit einer Verallgemeinerung von (2.16) auf einen Zufallsprozeßvektor $\frac{1}{\sqrt{\varepsilon}^{n+1}} \{\overline{U}_{1\varepsilon}(t), \ldots, \overline{U}_{k\varepsilon}(t)\}$ mit $\overline{U}_{l\varepsilon}(t) = (\overline{u}(t, .), g_l)$) zeigen, daß auch

$$\frac{1}{\sqrt{\varepsilon}^{n+1}} \overline{u}(t, x, \omega) \xrightarrow[\varepsilon \downarrow 0]{\text{in Verteilung}} \eta(t, x, \omega) \tag{2.17}$$

mit

$$\left\langle \eta\left(t_1, \overset{1}{x}\right) \eta\left(t_2, \overset{2}{x}\right) \right\rangle = \int_0^{\min(t_1,t_2)} \int_D \tilde{F}(t_1 - s, \overset{1}{x}, y) \tilde{F}(t_2 - s, \overset{2}{x}, y) a(s, y) dy ds$$

richtig ist.

Ähnlich der Konvergenz in (2.16) erhält man Aussagen für die „gemittelten“ Ableitungen von $\overline{u}(t, x, \omega)$, also für $\overline{U}_{ij}(t) \doteq (\overline{u}_{x_i x_j}(t, .), g)$, indem man den Grenzwertsatz 5 auf $\overline{U}_{ij}(t) = (\overline{u}(t, .), g_{x_i x_j})$ anwendet.) Hieraus ergeben sich gewisse Aussagen für die Spannungen in einem betrachteten schwingenden

System, da sich bekanntlich die Spannungen etwa in einer dünnen Platte als

$$\sigma_{x_1x_1} = -\frac{6D}{h^2}\left(u_{x_1x_1}(t, x) + \nu u_{x_2x_2}(t, x)\right)$$

und entsprechend die anderen Komponenten des Spannungstensors bei $x = (x_1, x_2)$ berechnen. D, h und ν sind physikalische Konstanten.

Ähnlich dem Resultat (2.16) kann auch gezeigt werden, daß

$$\frac{1}{\sqrt{\varepsilon}^{\,n+1}}\{\overline{U}(t, \omega), \overline{U}_t(t, \omega)\} \xrightarrow[\varepsilon \downarrow 0]{\text{in Verteilung}} \{\xi_1(t, \omega), \xi_2(t, \omega)\} \tag{2.18}$$

gilt, wobei der Grenzvektorprozeß ein Gaußprozeß mit $\langle \xi_i(t) \rangle = 0$ und

$$\langle \xi_i(t_1)\, \xi_j(t_2) \rangle = \int\limits_0^{\min(t_1,t_2)} \int\limits_D F_i(t_1 - s, y)\, F_j(t_2 - s, y)\, a(s, y)\, dy\, ds$$

bei $F_1 \doteq F, F_2 \doteq \frac{\partial F}{\partial t}$ ist. Damit lassen sich gewisse Aussagen bezüglich der Niveauüberschreitungen von $\overline{U}(t, \omega)$ gewinnen.

Beispiel: Wir behandeln als Beispielproblem die eingespannte schwingende Saite, die durch das Randanfangswertproblem

$$u_{tt} + 2\beta u_t - A u_{xx} = p(t, x, \omega)$$
$$RB\colon u(t, 0) = u(t, 1) = 0; \quad AB\colon u(0, x) = u_t(0, x) = 0$$

in $D = [0, 1]$ beschrieben wird. Es sei $\langle p(t, x) \rangle = 0$, so daß $w(t, x) \equiv 0$ folgt. Die Eigenfunktionen zu L sind $w_i(x) = \sqrt{2} \sin(i\pi x)$ und die Eigenwerte $\mu_i = A(i\pi)^2$. Da

$$\tilde{F}(t, x, y) = 2e^{-\beta t} \sum_{i=1}^{\infty} \frac{1}{\beta_i} \sin(\beta_i t) \sin(i\pi x) \sin(i\pi y) \leq C < \infty$$

erfüllt ist, gilt die Aussage (2.17) für $u(t, x, \omega)$. Da wir Aussagen über Niveauüberschreitungen berechnen wollen, werden wir uns im weiteren mit $U(t, \omega) = (u(t, ., \omega), g)$ beschäftigen.

Für den Grenzprozeß $\xi_1(t, \omega)$ von $\frac{1}{\varepsilon} U(t, \omega)$ erhält man bei vorausgesetzten im weiteren Sinne homogenen Feld $p(t, x, \omega)$

$$\langle \xi_1(t_1)\ \xi_1(t_2) \rangle = a \sum_{i=1}^{\infty} T_i(t_1, t_2)\, (w_i, g)^2$$

mit

$$\dot{T}_i(t_1, t_2) = \frac{1}{4} e^{-\beta(t_1+t_2)} \Big[\frac{1}{\beta}(e^{2\beta t_{12}} - 1) \cos(\beta_i(t_1 - t_2))$$
$$- \frac{1}{\mu_i} e^{2\beta t_{12}} \left[\beta \cos(\beta_i(t_1 + t_2 - 2t_{12})) - \beta_i \sin(\beta_i(t_1 + t_2 - 2t_{12}))\right]$$
$$+ \frac{1}{\mu_i}\left[\beta \cos(\beta_i(t_1 + t_2)) - \beta_i \sin(\beta_i(t_1 + t_2))\right]\Big]$$

bei $t_{12} \doteq \min(t_1, t_2)$ und a der entsprechende Koeffizient zu $p(t, x, \omega)$ gemäß (2.2). Für große Zeiten t_1, t_2 ergibt sich hieraus

$$\lim_{\substack{t_1,t_2\to\infty \\ |t_1-t_2|=\tau}} \langle \xi_1(t_1)\, \xi_1(t_2)\rangle = \frac{a}{4}\, e^{-\beta\tau} \sum_{i=1}^{\infty} \frac{1}{\mu_i} \left\{ \frac{1}{\beta} \cos(\beta_i \tau) + \frac{1}{\beta_i} \sin(\beta_i\tau) \right\} (w_i, g)^2$$

und ähnlich

$$\lim_{\substack{t_1,t_2\to\infty \\ |t_1-t_2|=\tau}} \langle \xi_2(t_1)\, \xi_2(t_2)\rangle = \frac{a}{4}\, e^{-\beta\tau} \sum_{i=1}^{\infty} \left\{ \frac{1}{\beta} \cos(\beta_i \tau) - \frac{1}{\beta_i} \sin(\beta_i\tau) \right\} (w_i, g)^2$$

$$\lim_{\substack{t_1,t_2\to\infty \\ t_1-t_2|=\tau}} \langle \xi_1(t_1)\, \xi_2(t_2)\rangle = \frac{a}{4\beta}\, e^{-\beta\tau} \sum_{i=1}^{\infty} \frac{1}{\beta_i} \sin(\beta_i(t_1 - t_2))\, (w_i, g)^2.$$

$\frac{1}{\varepsilon}\, U(t, \omega)$ ist also angenähert ein stationärer Gaußprozeß, dessen Ableitung existiert. Damit kann für $U(t, \omega)$ die Niveaudurchgangsrate $r_g(s)$,

$$r_g(s) = \frac{\sigma_1}{\pi\sigma_0} \exp\left(- \frac{s^2}{2\sigma_0^2} \right)$$

mit

$$\sigma_0^2 \approx \varepsilon\langle \xi_1^2(t)\rangle \approx \frac{\varepsilon a}{4\beta} \sum_{i=1}^{\infty} \frac{1}{\mu_i} (w_i, g)^2$$

$$\sigma_1^2 \approx \varepsilon\langle \xi_2^2(t)\rangle \approx \frac{\varepsilon a}{4\beta} \sum_{i=1}^{\infty} (w_i, g)^2 = \frac{\varepsilon a}{4\beta} \|g\|^2$$

berechnet werden. Setzt man mit $0 < \alpha < \beta < 1$

$$g(x) = \begin{cases} \dfrac{1}{\beta - \alpha} & \text{für } \alpha \leq x \leq \beta \\ 0 & \text{sonst,} \end{cases}$$

so ergibt sich nach einigen Rechnungen

$$\sigma_0^2 \approx \frac{\varepsilon a}{4\beta A} R \text{ mit } R = \frac{1}{3}(\beta + 2\alpha) - \frac{1}{4}(\alpha + \beta)^2;\ \sigma_1^2 \approx \frac{\varepsilon a}{4\beta} \cdot \frac{1}{\beta - \alpha}$$

Interessiert man sich nun für das Schwingungsverhalten in einem Punkt x_0, so folgt mit $\alpha = x_0 - \eta$, $\beta = x_0 + \eta$ (η klein)

$$U(t, \omega) = (u(t,.),g) = \frac{1}{2\eta} \int_{x_0-\eta}^{x_0+\eta} u(t, x, \omega)\, dx \approx u(t, x_0, \omega)$$

und

$$r(s) = \frac{1}{\pi\sqrt{R}} \exp\left(- \frac{s^2}{\dfrac{\varepsilon a}{2\beta A} R} \right) \text{ bei } R = x_0 - x_0^2 - \frac{1}{3}\eta$$

mit

$$r(s) = \lim_{\eta\to 0} 2\eta r_\eta(s).$$

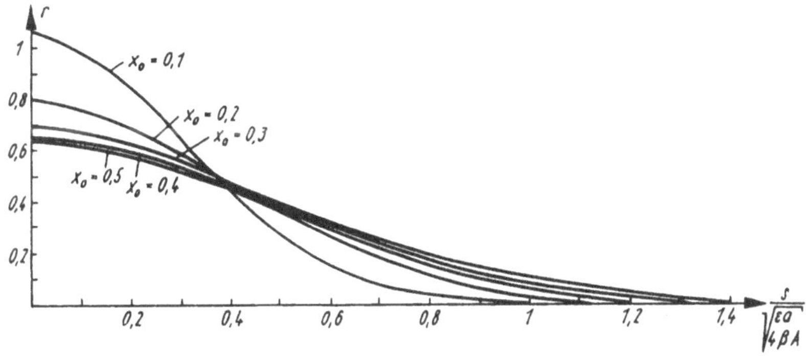

Abb. 17 Niveaudurchgangsraten in Abhängigkeit vom Niveau s in verschiedenen Punkten der Saite

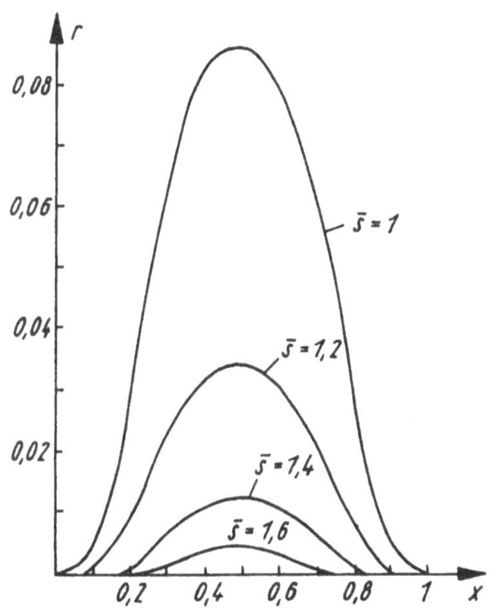

Abb. 18 Niveaudurchgangsraten in Abhängigkeit vom Punkt der Saite x für verschiedene Niveaus $\bar{s}$ $\left(\bar{s} = \frac{s}{\sqrt{\frac{\varepsilon a}{4\beta A}}}\right)$

Die Abbildung 17 zeigt die Niveaudurchgangsraten für verschiedene Punkte x_0 bei $\eta = 0$ und in Abbildung 18 ist $r(s)$ über x_0 bei verschiedenen s dargestellt.

Oftmals ist der in das Differentialgleichungsproblem eingehende Feld nicht bezüglich (t, x), sondern nur bezüglich t bzw. x schwach korreliert. Wir werden im folgenden voraussetzen, daß die Kraftfunktion bezüglich x schwach korreliert ist, d. h. wir fordern

$$\left\langle \prod_{i=1}^{k} p_\varepsilon \left(t_i \overset{i}{x}\right) \right\rangle = \prod_{i=1}^{p} \left\langle \prod_{l=1}^{k_i} p_\varepsilon \left(t_{il}, \overset{il}{x}\right) \right\rangle \text{mit} \sum_{i=1}^{p} k_i = m, \tag{2.19}$$

falls $\left\{\left(\overset{11}{x}, \ldots, \overset{1k_1}{x}\right), \ldots, \left(\overset{p1}{x}, \ldots, \overset{pk_p}{x}\right)\right\}$ die Zerlegung von $\left(\overset{1}{x}, \ldots, \overset{k}{x}\right)$ in maximal ε-benachbarte Teiltupel ist. Desweiteren existiere wie in (2.2) der Grenzwert

$$\lim_{\varepsilon \downarrow 0} \frac{1}{\varepsilon^n} \int_{K_\varepsilon(0)} \langle p_\varepsilon(t_1, x)\, p_\varepsilon(t_2, x + y)\rangle\, dy = a(t_1, t_2, x) < \infty. \tag{2.20}$$

Ein sehr einfaches Beispiel eines solches Feldes ist $p_\varepsilon(t, x, \omega) = p_0(t)\, p_{1\varepsilon}(x, \omega)$, wobei $p_{1\varepsilon}(x, \omega)$ ein schwach korreliertes Feld der Korrelationslänge ε bezeichnet. Wir betrachten also stochastische Felder, die nur in gewissen Variablengruppen „rauschen".

Ähnlich wie Satz 5 erhält man für die „gemittelte" Lösung unseres Problems (2.14)

$$\frac{1}{\sqrt{\varepsilon^n}} \int_D F(t - s, y)\, \bar{p}_\varepsilon(s, y, \omega)\, dy \xrightarrow[\varepsilon \downarrow 0]{\text{in Verteilung}} \eta(t, s, \omega)$$

mit einem Gaußschen Feld $\eta(t, s, \omega)$ und dann auch

$$\frac{1}{\sqrt{\varepsilon^n}} \int_0^t \int_D F(t - s, y)\, \bar{p}_\varepsilon(s, y, \omega)\, dy\, ds \xrightarrow[\varepsilon \downarrow 0]{\text{in Verteilung}} \zeta(t, \omega), \tag{2.21}$$

wobei der Gaußprozeß $\zeta(t, \omega)$ die beiden Momente $\langle \zeta(t)\rangle = 0$ und

$$\langle \zeta(t_1)\, \zeta(t_2)\rangle = \int_0^{t_1} \int_0^{t_2} F(t_1 - s_1, y)\, F(t_2 - s_2, y)\, a(s_1, s_2, y)\, dy\, ds_2\, ds_1$$

besitzt. Aus gewissen Konvergenzforderungen an die Reihe, durch die $\hat{F}$ definiert wird, die gegenüber dem vorhergehenden Fall noch abgeschwächt werden können, falls $p_\varepsilon(t, y, \omega)$ nach t differenzierbar ist, folgen ähnliche Aussagen wie in (2.17) für $\bar{u}(t, x, \omega)$ aus (2.21).

Für zweite Ableitungen von $\bar{u}$ haben wir

$$\begin{aligned} \bar{U}_{ij}(t) = (\bar{u}_{x_i x_j}(t, .), g) &= (\bar{u}(t, .), g_{x_i x_j}) \\ &= \int_0^t \int_D (\bar{F}(t - s, ., y), g_{x_i x_j})\, \bar{p}_\varepsilon(s, y)\, dy\, ds \end{aligned}$$

und falls $\bar{p}_\varepsilon(t, y, \omega)$ realisierungsweise nach t differenzierbar ist mit $G_{ij}(t, s, x, y) \doteq$

$$\sum_{k=1}^{\infty} \frac{1}{\mu_k} w_{k, x_i x_j}(x)\, w_k(y) \left[e^{-\beta(t-r)} \left(\frac{\beta}{\beta_k} \sin(\beta_k(t - r)) + \cos(\beta_k(t - r)\right)\right]_{r=0}^{r=s},$$

$G(t, s, ., y) \in L_2(D)$, dann

$$\bar{U}_{ij}(t) = \int_D (G_{ij}(t, t, ., y), g)\, \bar{p}_\varepsilon(t, y)\, dy - \int_D \int_0^t (G_{ij}(t, s, ., y) g)\, \bar{p}_{s\varepsilon}(s, y)\, ds dy. \tag{2.22}$$

Ist $p_\varepsilon(t, x, \omega)$ in t realisierungsweise glatt, so gilt (2.19) auch für p_ε und $p_{t\varepsilon}$, d.h. $\{p_\varepsilon(t, x), p_{t\varepsilon}(t, x)\}$ sind schwach korreliert verbundene Felder und wir fordern, daß (2.20) auch für $p_{t\varepsilon}$ statt p_ε richtig ist, d.h. zum Beispiel

$$\lim_{\varepsilon \downarrow 0} \frac{1}{\varepsilon^n} \int_{K_\varepsilon(0)} \langle p_{t_1\varepsilon}(t_1, x)\, p_\varepsilon(t_2, x + y)\rangle\, dy = a_{t_1}(t_1, t_2, x) < \infty$$

erfüllt ist. Damit kann für $\frac{1}{\sqrt{\varepsilon^n}} \bar{U}_{ij}(t)$ mit $\bar{U}_{ij}(t)$ aus (2.22) eine Grenzwertbeziehung wie in Satz 5 bewiesen werden.

Unter der zusätzlichen Bedingung, daß die G_{ij} definierende Reihe konvergiert und für alle betrachteten Variablen beschränkt ist, folgt aus (2.22) die Grenzwertbeziehung

$$\frac{1}{\sqrt{\varepsilon^n}} \bar{u}_{x_i x_j}(t, x, \omega) \xrightarrow[\varepsilon \downarrow 0]{\text{in Verteilung}} \xi_{ij}(t, x, \omega) \tag{2.23}$$

mit dem Gaußfeld ξ_{ij} bei $\langle \xi_{ij} \rangle = 0$ und

$$\begin{aligned}\left\langle \xi_{ij}\left(t_1, \overset{1}{x}\right) \xi_{ij}\left(t_2, \overset{2}{x}\right)\right\rangle &= \int_D G_{ij}(t_1, t_1, \overset{1}{x}, y)\, G_{ij}(t_2, t_2, \overset{2}{x}, y)\, a(t_1, t_2, y)\, dy \\ &+ \int_D \int_0^{t_1} \int_0^{t_2} G_{ij}\left(t_1, s_1, \overset{1}{x}, y\right) G_{ij}\left(t_2, s_2, \overset{2}{x}, y\right) a_{s_1 s_2}(s_1, s_2, y)\, ds_2\, ds_1\, dy \\ &- \int_D \int_0^{t_1} G_{ij}\left(t_1, s, \overset{1}{x}, y\right) G_{ij}\left(t_2, t_2, \overset{2}{x}, y\right) a_s(s, t_2, y)\, ds\, dy \\ &- \int_D \int_0^{t_2} G_{ij}\left((t_1, t_1, \overset{1}{x}, y\right) G_{ij}\left(t_2, s, \overset{2}{x}, y\right) a_s(t_1, s, y)\, ds\, dy.\end{aligned} \tag{2.24}$$

In Bezug auf Niveauüberschreitungsfragen ist die Ableitung von $\bar{U}_{ij}(t)$ nach t von Interesse und es ergibt sich

$$\begin{aligned}\bar{U}_{ij,t}(t) &= \int_0^t \int_D (\tilde{F}_t\,(t - s, ., y), g_{x_i x_j})\, \bar{p}_\varepsilon(s, y)\, dy\, ds \\ &= \int_0^t \int_D (\tilde{F}(t - s, ., y), g_{x_i x_j})\, \bar{p}_{s\varepsilon}(s, y)\, dy\, ds,\end{aligned}$$

fordert man $\bar{p}_\varepsilon(0, x) \equiv 0$. Man erhält also die gleichen Ergebnisse für $\bar{U}_{ij,t}(t, \omega)$ wie oben, ersetzt man $\bar{p}_\varepsilon(t, x, \omega)$ durch $\bar{p}_{t\varepsilon}(t, x, \omega)$. Dann folgt auch unter der

Voraussetzung an G_{ij} wie für (2.23)

$$\frac{1}{\sqrt{\varepsilon}^{\,n}}\{\bar{u}_{x_i x_j}(t,x), \bar{u}_{x_i x_j t}(t,x)\} \xrightarrow[\varepsilon\downarrow 0]{\text{in Verteilung}} \{\xi_{ij}(t,x), \xi_{ij}(t,x)\} \tag{2.25}$$

mit einem Gaußschen Grenzvektorfeld. Die Korrelationsbeziehungen können mit Hilfe der obigen Ausführungen aufgeschrieben werden.
Beispiel: Wir betrachten den eingespannten schwingenden Balken:

$$u_{tt} + 2\,\beta u_t + u_{xxxx} = p_\varepsilon(t, x, \omega)$$

$$RB\colon\ u(t, 0) = u_{xx}(t, 0) = u(t, 1) = u_{xx}(t, 1) = 0$$

$$AB\colon\ u(0, x) = u_t(0, x) = 0$$

in $D = [0, 1]$. Es sei $p_\varepsilon(t, x, \omega) = p_0(t)\, p_{1\varepsilon}(x, \omega)$ mit $\langle p_{1\varepsilon}(x)\rangle = 0$, so daß $w(t, x) \equiv 0$. $w_i(x) = \sqrt{2}\sin(i\pi x)$, $\mu_i = (i\pi)^4$ sind die dazugehörigen Eigenfunktionen bzw. Eigenwerte. Setzt man $p_{1\varepsilon}(x, \omega)$ als im weiteren Sinne stationär voraus, so gilt $a(t_1, t_2, x) = p_0(t_1(\, p_0(t_2)\, a$ mit

$$a = \lim_{\varepsilon\downarrow 0}\frac{1}{\varepsilon}\int\limits_{-\varepsilon}^{\varepsilon}\langle p_{1\varepsilon}(x)\, p_{1\varepsilon}(x+y)\rangle\, dy.$$

Da die Bedingung an die G_{11} definierende Reihe erfüllt ist, haben wir die Aussage (2.25) für die Biegespannungen im Balken

$$\sigma(t, x) = Ehu_{xx}(t, x) \quad (E - \text{Elastizitätsmodul},\ h - \text{Dicke}),$$

wenn noch $p_0(t) \in C^2$ und $p_0(0) = 0$ gefordert wird. Es gilt also

$$\frac{1}{\sqrt{\varepsilon}}\{\sigma(t, x), \sigma_t(t, x)\} \xrightarrow[\varepsilon\downarrow 0]{\text{in Verteilung}} \{\xi_0(t, x), \xi_1(t, x)\},$$

wobei das Gaußsche Vektorfeld $\{\xi_0, \xi_1\}$ den Mittelwert 0 hat und sich die Korrelationsgrößen aus (2.24) nach einigen Rechnungen mit

$$T_k(t) = \int\limits_0^t e^{-\beta(t-s)}\sin(\beta_k(t-s))\, p_0(s)\, ds,\ k = 0, 1,$$

als $\left\langle \xi_i\left(t_1, \overset{1}{x}\right)\xi_j\left(t_2, \overset{2}{x}\right)\right\rangle = (Eh)^2\, a \sum\limits_{k=1}^{\infty}\frac{\mu_k}{\mu_k - \beta^2}\, T_k^{(i)}(t_1)\, T_k^{(j)}(t_2)\, w_k\left(\overset{1}{x}\right) w_k\left(\overset{2}{x}\right)$ für $i, j = 0, 1$ ergeben.

Für die Berechnung der mittleren Anzahl der Niveaudurchgänge benötigt man die zweiten Momente von $\{\sigma(t, x), \sigma_t(t, x)\}$ in einem festen Punkt x, also die Momente

$$m_{00} = \langle\sigma^2(t, x)\rangle,\ m_{11} = \langle\sigma_t^2(t, x)\rangle,\ m_{01} = \langle\sigma(t, x)\,\sigma_t(t, x)\rangle,$$

die man durch $\varepsilon^2\langle\xi_i(t, x)\,\xi_j(t, x)\rangle$, $i, j = 0, 1$, ausdrücken kann. Es ist $N(s, t_1, t_2) = \int\limits_{t_1}^{t_2} r(s, t)\, dt$, wenn $N(s, t_1, t_2, \omega)$ die Anzahl der Niveaudurchgänge des Niveaus

s im Zeitintervall $[t_1, t_2]$ bezeichnet, mit

$$r(s, t) = \frac{1}{2\pi} \sqrt{\frac{m_{11}}{m_{00}}} \exp\left(-\frac{1}{2}\frac{s^2}{m_{00}}\right)\left\{\sqrt{1-\varrho^2} \exp\left(-\frac{H^2(s)}{2(1-\varrho^2)}\right)\right.$$
$$\left. + \sqrt{2\pi} H(s) \left[2\Phi\left(\frac{H(s)}{\sqrt{1-\varrho^2}}\right) - 1\right]\right\}$$

bei $\varrho = \frac{m_{10}}{\sqrt{m_{00}m_{11}}}$, $H(s) = \frac{\varrho \cdot s}{\sqrt{m_{00}}}$ und $\Phi(z) = \frac{1}{\sqrt{2\pi}} \int\limits_{-\infty}^{z} \exp\left(-\frac{1}{2} r^2\right) dr.$

Zum Beispiel erhält man für $p_0(t) = 1 - e^{-\alpha t}$, d.h. für eine Kraftfunktion $p_\varepsilon(t, x, \omega)$, die nach einer gewissen Zeit fast unabhängig von der Zeit ist, die Momente für $t \geq t_0$ bei $\beta > 0$

$$m_{00}(t, x) \approx a(Eh)^2 \sum_{k=1}^{\infty} \frac{1}{\mu_k^2} w_k^2(x) = \frac{\varepsilon a(Eh)^2}{3} x^2(1-x)^2; \; m_{10}(t, x) \approx 0$$
$$m_{11}(t,x) \approx 0,$$

so daß für $t \geq t_0$ dann $r(s, t) \approx 0$ ist, d.h. $\langle N(s, 0, T)\rangle \approx \int\limits_0^{t_0} r(s, t)\, dt$ bei $T \geq t_0$.

2.5. *Anfangswertprobleme*

Wir betrachten ein System von gewöhnlichen Differentialgleichungen (vgl. [4], [6])

$$\frac{d\underline{x}}{dt} = \underline{A}(t)\underline{x} + \underline{g}(t, \omega) \; ^{1)} \tag{2.26}$$

mit der Anfangsbedingung $\underline{x}(t_0) = \underline{x}_0$, wobei $\underline{A}(t)$ eine $n \times n$-Matrix mit deterministischen Funktionen ist, $\underline{A}(t) = (a_{ij}(t))_{1\leq i,j\leq n}$, $\underline{x}$ der Vektor $\underline{x}(t) = (x_i(t))^T_{1\leq i\leq n}$, $\underline{x}_0 = \left(\overset{0}{x_i}\right)^T_{1\leq i\leq n}$ und $\underline{g}(t, \omega) = (g_i(t, \omega))^T_{1\leq i\leq n}$ ein stochastischer Vektorprozeß. Setzt man die Prozesse $g_i(t, \omega)$ mit fast überall stetigen Realisierungen voraus, so läßt sich die Lösung des obigen Anfangswertproblems als

$$\underline{x}(t, \omega) = \underline{Q}(t, t_0)\, (\underline{x}_0 + \int\limits_{t_0}^{t} \underline{Q}^{-1}(s, t_0)\, \underline{g}(s, \omega)\, ds$$

schreiben, wobei $\underline{Q}(t, t_0)$ die Fundamentalmatrix ist (also $\frac{d}{dt} \underline{Q}(t, t_0) = \underline{A}(t)$ $\underline{Q}(t, t_0)$; $\underline{Q}(t_0, t_0) = I$ — Einheitsmatrix). Dabei ist das Integral über die Realisierungen von $\underline{g}(t, \omega)$ zu verstehen.

Im weiteren soll das Verhalten der Lösung von (2.26) untersucht werden, wenn $\underline{g}(t, \omega) = \frac{1}{\sqrt{\varepsilon}} \underline{f}_\varepsilon(t, \omega) + \underline{h}(t)$ und $\underline{f}_\varepsilon(t, \omega) = (f_{i\varepsilon}(t, \omega))^T_{1\leq i\leq n}$ ein Vektor-

---

1) Matrizen werden in diesem Abschnitt durch Unterstreichen bezeichnet.

prozeß mit unabhängigen schwach korrelierten Prozessen $f_{i\varepsilon}(t, \omega)$ als Komponenten ist. Dazu gilt der folgende Satz:

Satz 9: Bilden $\{f_{i\varepsilon}(t, \omega)\}_{i=1,2,\ldots,n}$ Folgen unabhängiger, schwach korrelierter Prozesse bei $\varepsilon \downarrow 0$ mit den entsprechenden Koeffizienten $a_i(t)$, so konvergiert die Lösung

$$\underline{x}_\varepsilon(t, \omega) = \underline{y}(t) + \frac{1}{\sqrt{\varepsilon}} \underline{Q}(t, t_0) \int_{t_0}^{t} \underline{Q}^{-1}(s, t_0) \underline{f}_\varepsilon(s, \omega) \, ds$$

mit

$$\underline{y}(t) = \underline{Q}(t, t_0) (\underline{x}_0 + \int_{t_0}^{t} \underline{Q}^{-1}(s, t_0) \underline{h}(s) \, ds)$$

des Anfangswertproblems

$$\frac{d\underline{x}}{dt} = \underline{A}(t) \underline{x} + \underline{h}(t) + \frac{1}{\sqrt{\varepsilon}} \underline{f}_\varepsilon(t, \omega); \; \underline{x}(t_0, \omega) = \underline{x}_0$$

in Verteilung gegen einen Gaußschen Vektorprozeß

$$\underline{\eta}(t, \omega) = \underline{y}(t) + \underline{\xi}(t, \omega)$$

mit

$$\langle \underline{\xi}(t) \rangle = 0 \text{ und}$$

$$\langle \underline{\xi}(t_1) \, \underline{\xi}(t_2)^T \rangle = \int_{t_0}^{\min(t_1,t_2)} \left(\sum_{k=1}^{n} q_{ik}(t_1, t_0; s) \, q_{jk}(t_2, t_0; s) \, a_k(s) \, ds \right)_{1 \leq i,j \leq n}$$

bei

$$(q_{ij}(t, t_0; s))_{1 \leq i,j \leq n} \doteq \underline{Q}(t, t_0) \, \underline{Q}^{-1}(s, t_0).$$

$\underline{\xi}(t, \omega)$ ist im allgemeinen kein im weiteren Sinne stationärer Vektorprozeß. Bilden die $f_{i\varepsilon}(t, \omega)$, $i = 1, 2, \ldots, n$, im weiteren Sinne schwach korrelierte Prozesse und ist $\underline{A}(t) = \underline{A}$ eine konstante Matrix, deren Eigenwerte λ_i negative Realteile besitzen, so ist nach einer Einschwingzeit $\underline{Q}(t, t_0) \, x_0 = e^{\underline{A}(t-t_0)} \, x_0 \approx 0$ und ebenso unterscheiden sich die beiden Lösungen von (2.26)

$$\int_{t_0}^{t} e^{\underline{A}(t-s)} (\underline{h}(s) + \frac{1}{\sqrt{\varepsilon}} \underline{f}_\varepsilon(s, \omega)) \, ds \text{ und } \int_{-\infty}^{t} e^{\underline{A}(t-s)} (\underline{h}(s) + \frac{1}{\sqrt{\varepsilon}} \underline{f}_\varepsilon(s, \omega)) \, ds$$

nur um eine Lösung des zu (2.26) gehörigen homogenen Systems, die aber nach einer Einschwingzeit nahezu Null wird. Damit wird die Lösung von (2.26) bei den genannten Bedingungen durch

$$\underline{x}_\varepsilon(t, \omega) = \int_{-\infty}^{t} e^{\underline{A}(t-s)} \underline{h}(s) \, ds + \frac{1}{\sqrt{\varepsilon}} \int_{-\infty}^{t} e^{\underline{A}(t-s)} \underline{f}_\varepsilon(s, \omega) \, ds \tag{2.27}$$

beschrieben. $\int_{-\infty}^{t} e^{\underline{A}(t-s)} \underline{f}_\varepsilon(s, \omega) \, ds$ ist dann im weiteren Sinne stationär. Dann konvergiert die Lösung (2.27) in Verteilung gegen einen Vektorprozeß

$$\underline{\eta}(t, \omega) = \int_{-\infty}^{t} e^{\underline{A}(t-s)} \, \underline{h}(s) \, ds + \underline{\zeta}(t, \omega).$$

Dabei ist $\underline{\zeta}(t, \omega)$ ein stationärer Gaußscher Vektorprozeß mit $\langle\underline{\zeta}(t)\rangle = 0$ und

$$\langle\zeta(t_1)\,\zeta(t_2{}^T)\rangle = \left(\sum_{k=1}^{n} a_k \int_0^\infty (e^{\underline{A}s})_{ik}\,(e^{\underline{A}(t_2-t_1+s)})_{jk}\,ds\right)_{1\le i,j\le n}$$

für $t_1 < t_2$.

Stellt man den Zusammenhang mit den Itôschen Differentialgleichungen her, so entspricht dem Anfangswertproblem (2.26) in der Grenze bei $\varepsilon \downarrow 0$ die Itôsche Differentialgleichung

$$d\underline{X}_t = (\underline{A}(t)\,\underline{X}_t + \underline{h}(t))\,dt + \underline{G}(t)\,d\underline{W}_t;\ \underline{X}_{t_0}(\omega) = \underline{x}_0 \tag{2.28}$$

mit $\underline{G}(t) = (\sqrt{a_i(t)})_{1\le i,j\le n}$, wobei $\underline{W}_t = (W_t^i)_{1\le i\le n}$ den Wiener-Prozeß mit unabhängigen Komponenten bezeichnet. Diese Behauptung folgt aus der Äquivalenz der Integralgleichung zu (2.26)

$$\underline{x}(t) = \underline{x}_0 + \int_{t_0}^{t} (\underline{A}(s)\underline{x}(s) + \underline{h}(s))\,ds + \frac{1}{\sqrt{\varepsilon}} \int_{t_0}^{t} \underline{f}_\varepsilon(s, \omega)\,ds$$

und der Itôschen Integralgleichung zu (2.28)

$$\underline{X}_t = \underline{x}_0 + \int_{t_0}^{t} (\underline{A}(s)\,\underline{X} + \underline{h}(s))\,ds + \int_{t_0}^{t} \underline{G}(s)\,d\underline{W}_s,$$

wenn man die Konvergenz in Verteilung (vgl. Satz 5)

$$\lim_{\varepsilon\downarrow 0} \frac{1}{\sqrt{\varepsilon}} \int_{t_0}^{t} \underline{f}_\varepsilon(s, \omega)\,ds = \int_{t_0}^{t} \underline{G}(s)\,d\underline{W}_s$$

berücksichtigt. Dabei ist die Gültigkeit der Beziehung

$$\left\langle \int_{t_0}^{t_1} \underline{G}(s)\,d\underline{W}_s \left(\int_{t_0}^{t_2} \underline{G}(s)\,d\underline{W}_s\right)^T \right\rangle = \int_{t_0}^{\min(t_1,t_2)} \underline{G}(s)\,\underline{G}(s)^T\,ds$$

für das Itô-Integral $\int_{t_0}^{t} \underline{G}(s)\,dW_s$ zu beachten. Ein Vergleich der Grenzlösung $\underline{\eta}(t, \omega)$ aus Satz 9 mit der Lösung von (2.28) zeigt die Äquivalenz der Lösungsprozesse: $\underline{X}_t(\omega) = \underline{\eta}(t, \omega)$. Also ergeben sich die gleichen Lösungen des Anfangswertproblems (2.26), wenn man den Grenzprozeß $\varepsilon \downarrow 0$ in der Differentialgleichung vornimmt und die erhaltene Itôsche Differentialgleichung löst und wenn man zuerst (2.26) realisierungsweise löst und den Grenzprozeß in der Lösung vornimmt.

Diese Aussage ist falsch, betrachtet man Differentialgleichungen, in denen die Koeffizienten stochastisch sind. Dazu behandeln wir das einfache Anfangswertproblem

$$\frac{dx}{dt} + \frac{1}{\sqrt{\varepsilon}} f_\varepsilon(t, \omega)\,x = 0,\ x(0) = x_0 \tag{2.29}$$

mit dem schwach korrelierten Prozeß $f_\varepsilon(t, \omega)$. Als realisierungsweise Lösung dieses Problems haben wir

$$x_\varepsilon(t, \omega) = x_0 \exp\left(- \frac{1}{\sqrt{\varepsilon}} \int_0^t f_\varepsilon (s, \omega)\, ds\right)$$

und es zeigt sich mit Satz 5, daß $x_\varepsilon(t, \omega)$ in Verteilung gegen den Prozeß

$$\eta(t, \omega) = x_0 \exp\left(-\xi(t, \omega)\right)$$

konvergiert, wobei $\xi(t, \omega)$ ein Gaußprozeß mit $\langle \xi(t) \rangle = 0$ und

$$\langle \xi(t_1)\, \xi(t_2) \rangle = \int_0^{\min(t_1,t_2)} a(t)\, dt \text{ ist.}$$

Im Sinne der Itô-Theorie ist die Differentialgleichung (2.29) durch

$$dX_t + X_t\, dW_t = 0, \; X_0 = x_0$$

zu ersetzen und als Lösung ergibt sich

$$X_t(\omega) = x_0 \exp\left(-W_t + \frac{t}{2}\right).$$

Die Grenzlösung von (2.29) für im weiteren Sinne stationäres $f_\varepsilon(t, \omega)$ bei $a = 1$ ist

$$\eta(t, \omega) = x_0 \exp\left(-W_t\right).$$

Also ergeben sich verschiedene Lösungen bei diesem verschiedenen Herangehen, sich approximative Lösungen des Anfangswertproblems (2.29) zu verschaffen. Dabei scheint die approximative Lösung, die man über die realisierungsweisen Lösungen von (2.29) erhält, das physikalische Verhalten eines konkreten Systems besser widerzuspiegeln.

Literatur

[1] Purkert, W.; vom Scheidt, J.: Ein Grenzverteilungssatz für stochastische Eigenwertprobleme. ZAMM 59 (1979), S. 501–514.

[2] Meusel, B.; vom Scheidt, J.: Differentialgleichungsprobleme mit schwach korrelierten Feldern (in Vorbereitung).

[3] Purkert, W.; vom Scheidt, J.: Limit theorems for solution of stochastic differential equation problems. Intern. Journal of Mathematics and Math. Sci. Vol. 3 No 1 (1980), 113–145.

[4] Purkert, W.; vom Scheidt, J.: Randwertprobleme mit schwach korrelierten Prozessen als Koeffizienten. Transactions of the 8th Prague Conference, Vol. B, Prag 1978, S. 107–118.

[5] Boyce, W. E.: Stochastic inhomogeneous Sturm-Liouville problem. J. Franklin Inst. 282 (1966), 206–215.

[6] vom Scheidt, J.: Lineare Schwingungsgleichungen mit schwach korreliertem inhomogenem Term. Wiss. Beitr. der IHS Zwickau 2/1978, S. 63–77.

[7] Purkert, W.; vom Scheidt, J.: Stochastic eigenvalue problems for differential equations. Reports on Mathematical Physics 15 (1979), 2, S. 205–227.

[8] Boyce, W. E.: Random eigenvalue problems. In: Probabilistic methods in applied mathematics. New York 1968, p. 1–75.

ISSN 0138-3956

FSC
www.fsc.org
MIX
Papier | Fördert gute Waldnutzung
FSC® C083411

Zeitfracht Medien GmbH
Ferdinand-Jühlke-Straße 7
99095 Erfurt, Deutschland
produktsicherheit@kolibri360.de